中国环境

刘军会 王 佳 著

五洲传播出版社

图书在版编目（CIP）数据

中国环境 /刘军会，王佳著. —北京：五洲传播出版社，2010.1

ISBN 978-7-5085-1721-6

I. ①中 ... II. ①刘 ... ②王 ... III. ①环境保护－概况－中国 IV. ① X-12

中国版本图书馆 CIP 数据核字 (2009) 第 200810 号

总 顾 问／王　晨

总 策 划／王仲伟

总 监 制／郭长建

出 版 人／李向平

主　　编／吴　伟

中国环境

著　　者／刘军会　王　佳

责任编辑／王　峰

装帧设计／田　林　傅晓斌

制　　作／北京原色印象文化艺术中心

图片提供／萧　亮　刘军会　CFP

出版发行／五洲传播出版社（北京市海淀区北小马厂 6 号　邮编：100038）

电　　话／ 8610 － 58891281（发行部）

网　　址／ www.cicc.org.cn

承 印 者／北京博海升彩色印刷有限公司

版　　次／ 2010 年 1 月第 1 版第 1 次印刷

开　　本／ 787 × 1092 毫米　1/16

印　　张／ 8.25

字　　数／ 110 千

定　　价／ 38.00 元

出版前言

中国的改革开放及其所创造的经济奇迹，使中国综合国力显著提升，国际影响日益扩大。“中国热”在世界各地方兴未艾，外国朋友了解和认识中国的愿望越来越强烈。为帮助那些热切渴望了解中国的外国朋友找到捷径，在短时间内能对中国的基本情况有所了解和掌握，我们组织有关专家学者撰写了“中国丛书”。

“中国丛书”共计12册，分别介绍中国的地理、历史、政治、经济、文化、法律、外交、国防、社会、科技与教育、环境、民族与宗教，可谓中国的一些基本情况。了解这些，是读懂中国的初步和入门。

我们希望，读者朋友通过“中国丛书”，对中国的各方面情况能有一个大致的了解。首先，认识中国的历史与文化。历史与文化是一国文明的根基和载体。作为人类文明的一种重要形态，中华文明独树一帜并传承至今。中华文化底蕴深厚，历来为世人推崇。其次，了解中国的基本国情。中国是世界上最大的发展中国家，人口多、底子薄，发展不平衡。中国从自己的国情出发，坚持走自己的路，坚持可持续发展，同时吸收人类文明成果。最后，知晓中国的未来发展路向。在中国共产党的领导下，中国坚持以经济建设为中心，坚持改革开放，对内建设和谐社会，对外推动建设持久和平、共同繁荣的和谐世界。

我们期待着“中国丛书”帮助朋友们开始一次崭新的“发现中国之旅”。

2010年1月

目录

1 前 言

7 中国环境保护事业的发展

25 自然生态系统

59 生物多样性

77 污染控制与治理

93 农村与城市环境

113 迈向绿色经济

前 言

在今天，环境问题已成为人类面临的最严峻的问题之一。无论身在地球的哪一个角落，都无法回避这个问题。保护地球，保护人类共同的生存空间，已成为人类社会的共识。20 世纪以来，凭借科技进步和社会生产力的极大提高，人类创造了前所未有的物质文明。但与此同时，资源、环境污染和生态破坏等问题也日益突出，对人类的生存和发展构成巨大威胁。人类已认识到，必须改变“挑战大自然”的意识和“先污染后治理”的传统发展模式，努力寻求一条使人口、经济、社会、环境和资源相互协调的可持续发展道路。

中国是世界上人口最多的发展中国家，地域辽阔，气候、地形等自然条件复杂。从 20 世纪 70 年代末期以来，中国经济持续快速发展，环境、资源等问题逐渐成为中国面临的重大问题。而中国特有的人口问题和自然条件，又使中国环境保护面临极其严峻的挑战。

目前，中国正处于工业化和城市化加速发展的阶段，这也是经济增长和环境保护矛盾十分突出的时期。上世纪 80 年代以来，由于人口增长、过度开发利用等原因，发生了水土流失、草地退化、沙化和荒漠化、生物多样性消失等生态恶化现象。现在中国一些地区环境污染和生态恶化态势还比较严重，主要污染物排放量超过环境承载能力，水、土地、土壤等污染严重，固体废物、汽车尾气、持久性有机物等污染增加，并且这种趋势正在由城市向农村、由东部向西部转移。这既是由于经济活动和人口压力对环境的影响，同时也受到全球范围气候变化、温室效应的影响。

早在 1972 年，中国即派代表团参加了联合国在瑞典斯德哥尔摩召开的首次人类环境会议，认识到环境保护的重要性。1978 年实行改革开放政策以来，作为一个负责任的发展中大国，中国始终高度重视环境保护与建设工作，将环境保护确立为一项基本国策。中国采取了一系列重要的战略措施，加大环境保护与建设的力度，与世界各国政府和人民一起行动起来，遏制环境恶化的态势，保护地球家园。在当今全球化

河南省修武县境内的云台山，是全球首批世界地质公园，人们在这里享受生态旅游的快乐。

的语境中，任何一个国家和地区的环境和发展问题，也都将成为全人类的环境和发展问题。解决好中国的环境问题，既符合中国的发展目标，同时也是人类共同利益的重要体现。

令人欣慰的是，几十年来，通过中国政府和人民的努力，中国的淡水、森林、草原、湿地、农田、海洋等生态系统得到很大改善，生物多样性得到有效保护，众多珍稀动植物和濒危物种的生存状况得到极大改观。中国环境污染和生态破坏加剧的趋势已经减缓，部分流域污染治理初见成效，部分

城市和地区环境质量有所改善，工业产品的污染排放强度有所下降，全社会的环境保护意识进一步增强。

中国持续大规模开展退耕还林和植树造林，大力增加森林碳汇（森林吸收并储存二氧化碳的能力）。现在中国已成为世界上森林资源增长最快、人工造林面积最大的国家，人工林面积占到世界人工林面积的约1/3。仅从2003年到2008年，中国的森林面积即净增2054万公顷。

近年来，中国在开采资源时更加注重环境治理和生态恢复，并采取一系列措施保护和改善人居环境，把改善城乡生活环境作为环境保护的重要内容，集中力量解决严重危害人民群众健康的污染问题。中国是近年来节能减排力度最大的国家。截至2009年上半年，中国单位国内生产总值能耗比2005年降低13%，这相当于少排放了8亿吨二氧化碳。这是中国对世界环境保护事业作出的贡献。

中国也是新能源和可再生能源增长速度最快的国家。在保护生态的基础上，中国有序发展水电，积极发展核电，鼓励支持农村、边远地区和条件适宜地区大力发展生物质能、太阳能、地热、风能等新型可再生能源。中国的水电装机容量、核电在建规模、太阳能热水器集热面积和光伏发电容量均居世界第一位。

中国通过一系列环境立法和具体执行措施来推动环境法治，成效显著。中国是最早制定实施《应对气候变化国家方案》的发展中国家。中国还先后制定和修订了《节约能源法》《可再生能源法》《循环经济促进法》《清洁生产促进法》《森林法》《草原法》及《民用建筑节能条例》等一系列法律法规，把它们作为应对环境和气候变化的重要手段。

2005年以来，中国政府明确提出以科学发展观统领经济

2009年12月7日，联合国气候变化大会在丹麦首都哥本哈根开幕。

社会发展全局，落实节约资源和保护环境基本国策，发展循环经济，保护生态环境，加快建设资源节约型、环境友好型社会，促进人与自然和谐发展。这种精神在《中华人民共和国国民经济和社会发展第十一个五年规划纲要》中得到充分体现。2007年，中共十七大在全面建设小康社会目标的基础上，对中国发展提出新的更高要求，其重要内容即包括建设生态文明，基本形成节约能源资源和保护生态环境的产业结构、增长方式、消费模式。循环经济形成较大规模，可再生能源比重显著上升。主要污染物排放得到有效控制，生态环境质量明显改善。生态文明观念在全社会牢固树立。这进一步强化了“以人为本”、“人与自然和谐共处”等执政理念。

中国正在积极加快实现“三个转变”：一是从重经济增长

轻环境保护转变为保护环境与经济增长并重；二是从环境保护滞后于经济发展转变为环境保护和经济发展同步；三是从主要用行政办法保护环境转变为综合运用法律、经济、技术和必要的行政办法解决环境问题。中国坚持节约发展、安全发展、清洁发展，实现可持续发展。这意味着，中国正在建立一种新的社会发展观、新的生产方式和生活方式，这种转变是以广泛、深入的社会参与为前提和基础的。目前，中国全社会环境意识普遍提高，公众参与环境保护的的广度和深度不断提高。环境 NGO（非政府组织）已成为普及环境教育和倡导公众参与环保的重要力量。

保护好环境，就意味着赢得了明天。2009 年末，长达 12 天的哥本哈根联合国气候变化大会引起全球关注。尽管还有种种分歧，但人类齐心协力、共同保护地球家园的大趋势不会改变。在这次会议上，中国政府重申自己提出的目标，到 2020 年，单位国内生产总值二氧化碳排放比 2005 年下降 40%—45%。这是一个庄重的承诺。尽管面临着重重困难，但中国人民有信心赢得这场面对未来的挑战。

中国环境保护事业的发展

中国的环境保护事业起步于20世纪70年代初。经过近40年的发展，中国已逐步形成了有中国特色的环境保护政策体系。现在，中国把节约资源作为基本国策，发展循环经济，保护生态环境，加快建设资源节约型、环境友好型社会。中国的环保事业从一开始就与国际环保事业密切联系，始终积极开展环境保护国际合作。

中国的环保之路

20世纪50年代至70年代，在一些经济发达国家，环境污染问题开始引起人们的关注。“伦敦大雾”和日本水俣病等事件使人们开始了解环境污染的危害性。当时中国的经济还不发达，但中国领导人和一些有识之士已意识到环境问题的重要性。

1970年12月初，中国总理周恩来在接见日本客人的时候，特意向一位专门报道日本环境污染的记者了解有关情况，并请这位记者向中国科技人员、行政人员介绍环境保护问题——环境保护对当时的中国而言还是一个新鲜的概念，许多中国

资料链接

日本水俣病事件

水俣是日本熊本县水俣湾东边的小渔村。1925年，日本氮肥公司在这里建厂，使用含汞催化剂，并把废水排放到水俣湾中。1956年，当地发现了一种怪病，患者轻者口齿不清、步履蹒跚、知觉出现障碍、手足变形，重者神经失常，直至死亡。后来的研究表明，这种病是因日本氮肥公司排放的废水中含有大量的汞所致。水俣病严重危害了当地人的健康和家庭幸福，截至2006年，先后有2265人被确诊患有水俣病，其中大部分已经病故。

人以为环境保护无非就是打扫卫生、垃圾处理这类事情。

1972 年，联合国在瑞典斯德哥尔摩召开首次人类环境会议。中国当时正处于非常时期，但政府仍决定派出一个 40 多人的代表团去参加这次会议。对中国人来说，这次会议无疑是一次意义深远的环境启蒙。人们认识到，环境保护不是偶然的和个别地区的现象，而是一个全球性问题，与经济社会发展直接相关。

1973 年 8 月，在周恩来亲自过问下，在北京召开了中国第一次环境保护会议，中国的环境保护事业开始了艰难的起步。这次会议明确指出，中国也存在比较严重的环境问题。随后各地区都组织治理了一批人民群众反映强烈的环境问题，包括北京的官厅水库、河北的白洋淀、桂林的漓江等水域的污染治理，以及沈阳、太原等城市的大气污染治理。

中国广西的桂林风景优美，素有“桂林山水甲天下”之称。然而，在上世纪 70 年代，桂林漓江两岸因为建了许多工厂，大量污水排入漓江，使清澈的江水变成了黑流。1973 年 10 月，刚刚复出工作的邓小平指出：如果不把漓江治理好，即使工农业生产发展得再快，市政建设搞得再好，也是功不抵过。中国随即开展了一场治理活动，两年内关闭了漓江两岸 36 家有严重污染的工厂，使漓江很快重现了碧水清波。这是刚刚起步的中国环境保护工作取得的第一项重要成就。中国人由此也认识到，经济与环境必须协调发展，绝不能以牺牲环境为代价来换取发展。

1974 年 5 月，中国成立了国家一级的环境保护机构——国务院环境领导小组，通过制定政策、行政法规和标准等控制环境污染。1975 年，中国提出环境污染问题“五年控制、十年基本解决”的目标。显然，当时人们还没有完全认识到

广西桂林漓江以风景优美著称。

环境保护工作的复杂性和艰巨性。

1979 年中国实行改革开放政策之后，经济快速发展。与此同时，中国的环境保护事业也迈向新的阶段。这一年，中国通过了《环境保护法(试行)》。这是中国第一部环境保护法律，标志着中国的环境保护已走上规范化、法制化之路。

20 世纪 80 年代，中国在探索有自己特色的环境保护道路上不断前进。1983 年，中国重新组建了国务院环境保护委员会，出台了一系列重要的环保政策制度和重大决定。1983 年底，中国召开第二次全国环保会议，把环境保护确立为基本国策。环境保护逐渐成为全社会的共识。在改革开放大潮涌动、经济建设日新月异的 80 年代，中国从中央到地方建立了比较有力的环境管理机构，依据有关环境政策、法律和规划，有效地进行了环境管理。在经济成倍增长的情况下，环境质量大体保持在 80 年代初期的水平上，一些地区的环境状况甚至还有所改善。这不能不说是一个奇迹。

1989 年，中国召开第三次全国环保会议，提出要“努力开拓有中国特色的环境保护道路”。同年 12 月，在中国正式颁布《环境保护法》。这时距离实施《环境保护法(试行)》恰好 10 年。在这个期间，中国面对庞大的人口对环境造成的巨大压力，同时，现代化建设与环境污染和生态破坏之间的矛盾日益突出。基于这种国情，中国提出不能走发达国家所走过的“先污染、后治理”的老路，必须使经济建设与环境保护协调发展，以经济发展来推动环境保护，以环境保护来促进经济发展。这一时期中国开展了一系列环境保护的理论建设、政策制度建设、法制建设和管理体制建设，逐步形成和完善了有中国特色的环境保护政策体系。同时，中国也对工业和城市进行了大规模的污染治理，防止了全国环境状况的急剧恶化。

从 20 世纪 70 年代末到 90 年代初，在环境保护的实践基础上，中国逐步制定了“预防为主、防治结合、综合治理”，“谁污染，谁治理”，“强化环境管理”三项环境政策，其中“预防为主”是中国环境政策的基本出发点。依据这种环保思想，中国制定了保护环境的多项制度，如环境影响评价制度、排污收费制度、城市环境综合整治定量考核制度、排污许可证制度、限期治理制度和污染集中控制制度等，并制定了一系列配套的具体规定和措施。这些制度和措施共同构成了一个比较完整的环境管理体系。在此期间，中国大力推动环境法治建设，相继制定了《环境保护法》《大气污染防治法》《水污染防治法》和《海洋环境保护法》等 4 部控制污染的法律，

安徽省淮北一家选煤厂实现全封闭生产，避免生产过程中产生的噪音和粉尘等污染。

一批资源保护方面的法律，还有数百件行政规章和地方性法规。1988 年，中国成立了独立的国家环境保护局，主要承担依法监督工作。

1992 年，中国开始实行社会主义市场经济体制。这是中国改革开放政策一次质的飞跃。也是在这一年，联合国在巴西里约热内卢召开了环境与发展大会。中国派出庞大的代表团出席这次大会，作为发展中大国，为此次会议的圆满召开作出了重大贡献。在这次会上，中国环境保护事业的重要开拓者和奠基人之一曲格平被授予“笹川国际环境奖”。这也代表了国际社会对中国环境保护事业的肯定和评价。

随后，中国制定并于 1994 年 3 月通过了《中国 21 世纪议程——中国 21 世纪人口、环境与发展白皮书》，把可持续发展战略作为中国长期发展的指导方针。1997 年，中国把“可持续发展”上升为国家发展战略。中国环境保护由此迈进发展、壮大的新阶段。这种转变意味着，中国的环境保护已从单纯的污染治理转向全面的环境综合整治和生态建设。

中国环境保护事业的主要开拓者和奠基人之一曲格平，现任中华环境保护基金会理事长。

污染治理方面，在全国各地普遍治理的基础上，中国重点开展了淮河、海河、辽河、太湖、滇池和巢湖等大江大湖的污染治理，启动了北京市大气污染治理和渤海湾海域的污染治理。仅在1996年，中国就取缔、关闭和停产了约6万家污染严重的企业，这是前所未有的。中国对环境保护的投入占GDP的比例也逐年上升，投入力度逐渐接近发达国家的水平。“十五”（2001—2005

资料链接

改革开放30年中国十位环保贡献人物

曲格平（国家环境保护局第一任局长、全国人大环境与资源保护委员会主任委员）

潘岳（国家环境保护部副部长）

梁从诫（自然之友创会会长）

马军（中国公众与环境研究中心主任，开发出中国第一个水污染公益数据库）

王灿发（中国政法大学环境法学教授、中国政法大学污染受害者法律帮助中心创始人）

杜少中（北京市环境保护局党组副书记、副局长）

汪永晨（中央人民广播电台记者、民间环保群体“绿家园志愿者”创始人）

唐锡阳（大学生绿色营创始人，著名环保作家）

索南达杰（可可西里国家级自然保护区创始人、中国第一位为保护野生动物而牺牲的县委书记）

廖晓义（北京地球村环境文化中心创办人兼主任）

来源：人民网 www.people.com.cn

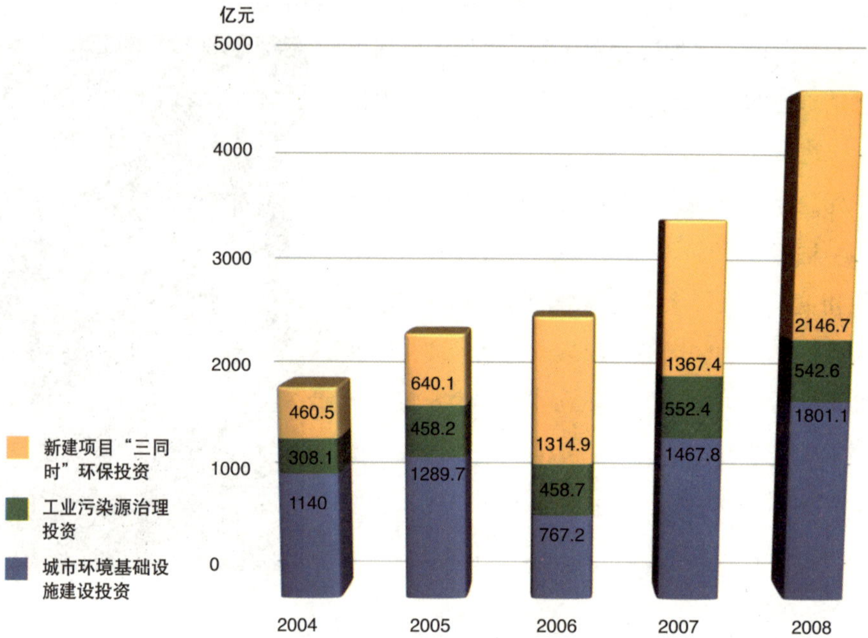

数据来源:国家环境保护部(环保总局)发布的历年《全国环境统计公报》

2004—2008年全国环境污染治理投资

年）期间，中国环境保护投资突破 7000 亿元，其中 2004 年的环境保护投资占当年 GDP 的 1.4%。而“十一五”(2006—2010 年）期间,全国环境保护的投资将比“十五”期间翻一番，预计将达到 13750 亿元，约占同期 GDP 的 1.6%。

在生态建设方面，中国实行了封山育林、退耕还林、退耕还湖、退耕还牧等政策措施，启动了天然林保护工程。在长江、黄河等流域上游积极开展水土保持，在北方生态脆弱地区大规模地营造防护林体系，筑起一道壮丽的绿色长城。在资源保护方面，中国实施了严格的耕地保护措施，以保证耕地总量的动态平衡。在近海海域，普遍实行休渔制度，以保护海洋渔业资源。在矿产资源保护方面，清理整顿了一大批采掘设备落后、对资源破坏严重的小矿山，并积极开展固

内蒙古呼伦贝尔草原的优质牧场

体废物的综合利用和废旧物资的回收利用。中国的生态环境正处于积极恢复的时期。

中国在构筑环境与资源保护的法律体系、严格环境执法的同时，还发动广大民众参与环境保护事业，并充分开展环境与资源保护的舆论监督。从 1993 年开始，中国开展了一个名为“中华环保世纪行”的大型环保宣传活动。这个活动动员全国众多新闻媒体，每年围绕一个明确的主题展开调查和报道。通过不断改进完善，这个活动的主题逐步从个案监督转为紧紧围绕集体立法和监督进行宣传，由曝光环境污染、揭露生态伤害，逐步转化为对环境保护深层次和前沿问题的探讨。1993 年，“中华环保世纪行”的主题为“向环境污染宣战”，1999 年为“爱我黄河”，而到了 2008 年、2009 年，主题则是“节约资源，保护环境”、“让人民呼吸清新的空气”。从这个

2005 年 7 月，中华环保世纪行记者团在湖北省丹江口库区采访水污染防治情况。

活动的主题演变中，可以发现中国环境保护事业走过的艰苦而卓有成效的道路。“中华环保世纪行”对推动中国的环保立法、推动公众参与环境保护、推动生态文明建设，起到了很重要的作用。

2005 年，《中共中央关于制定国民经济和社会发展第十一个五年规划的建议》中提出全面贯彻落实科学发展观，必须加快转变经济增长方式：“要把节约资源作为基本国策，发展循环经济，保护生态环境，加快建设资源节约型、环境友好型社会，促进经济发展与人口、资源、环境相协调。推进国民经济和社会信息化，切实走新型工业化道路，坚持节约发展、清洁发展、安全发展，实现可持续发展。”这种精神在《中华人民共和国国民经济和社会发展第十一个五年规划纲要》中得到充分体现。2007 年，中共十七大又将“改变增长方式和消费模式”、“治理环境污染”以及“修复生态”提到了前所未有的高度，强化了“以人为本”、“人与自然和谐共处”等执政理念。中国选择了循环经济发展模式，抓住了环境问题的要害和本质。中国环境保护事业的航船将沿着这个方向扬帆启航，在推动经济和社会发展的同时，逐步缓解和消除环境问题。

对中国来说，2008 年是很不寻常、甚至惊心动魄的一年，而中国在抗击四川汶川大地震等自然灾害和保障北京奥运会环境质量方面取得的成就，则令世人印象深刻。面对汶川大地震，中国圆满完成了艰巨的特大自然灾害环境应急处置工作；而北京奥运会期间，北京的空气质量创下了 10 年来同期最高水平：不仅每天空气质量都在良以上，而且其中有 10 天为优。

环境保护机构和环境法治

1973 年，中国召开第一次环境保护会议，审议通过了中国第一个环境保护文件——《关于保护和改善环境的若干规定》。会后成立了国务院环境保护领导小组及其办公室，这是中国第一个环保机构。此后 30 多年来，中国的环境管理机构发生了多次变化，其管理职能不断强化。

1982 年，国务院撤销了国务院环境保护领导小组及其办公室，在城乡建设环境保护部下面建立环境保护局。但在实践中，这个部门与其他部门和地方的工作协调显得困难。1984 年，国务院成立环境保护委员会，作为环保局的组织协调机构，帮助环保局冲破机构的局限。1988 年，国务院再次进行机构改革，国家环境保护局脱离建设部，成为直属国务院管理的副部级单位。这次调整使国家环保机构成为独立部门。1998 年，国务院精简机构，撤销了十多个工业管理部门，而国家环保局则升格为国家环保总局，成为国务院直属的正部级单位，其职能定位为执法监督，职能领域包括污染防治、生态保护、核安全监管，管理职能加强。

2005 年，国家环保总局加强执法能力，采取了一系列主动出击的举措，刮起“环评风暴”。这些举措随即转为一种新机制：通过“绿色国民经济核算”（俗称“绿色 GDP”）和“战略环境评价”，扩大环保机构的职权。国家环保总局和国家统计局联手，在北京、天津、河北、辽宁、浙江、安徽、广东、海南、重庆、四川等 10 省市开展以环境核算和污染经济损失

2008年3月27日，原国家环保总局正式更名为中华人民共和国环境保护部。

调查为内容的“绿色国民经济核算”试点工作。“战略环境评价”，是指对一项工程、经济规划、政策在决策阶段进行环境影响评价，从源头上控制环境污染。这一年，环保总局还在全国陆续进行了怒江、雅砻江、澜沧江中下游、四川大渡河等流域规划环评，积极推进了水电、煤炭、港口、交通、电力等重点行业的规划环评及部分化工基地、能源基地的区域环评。

2008年3月，第十一届全国人民大表大会第一次会议第五次全体会议通过了国务院机构改革方案，国家环境保护总局升格为国家环境保护部。这表示了中国政府对环保工作的重视。环境保护部的职能得到进一步的重视和强化，其主要职责是：拟订并组织实施环境保护规划、政策和标准，组织编制环境功能区划，监督管理环境污染防治，协调解决重大环境问题等。环境保护部的职能配置朝着统筹协调、宏观调控、监督执法和公共服务四个方向强化，参与国家的宏观决策成为其核心职能。为了顺利实现上述职能，新建立的环保部还需要解决之前就已经存在的诸多问题和应对众多挑战，比如从法律上实行环境保护横向的职能整合和纵向的权力整合、建设信息共享的环境监测体系、增强环境保护行政主管部门的监管权力，等等。

环境保护机构职能强化的同时，中国的环境法治建设也日趋完善。上世纪六七十年代，西方国家逐渐完善了环境法律、法规。中国借鉴和学习西方的经验，也开始了自己的环境立法。1978 年颁布的《宪法》规定“国家保护环境和自然资源，防治污染和其他公害”。实行改革开放以来，中国有关环境与资源的法治建设发展很快。1979 年中国通过了《环境保护法(试行)》，10 年之后的 1989 年则正式颁布《环境保护法》，这是中国环境保护方面的基本法律。上世纪 80 年代和本世纪初，中国先后将环境保护和节约资源确立为基本国策，不断加强环境与资源保护法制建设，环境立法、环境执法、环境司法、环境法律监督等方面的工作都取得巨大成就，中国环境法律体系开始朝着体系化的方向前进。

2003 年中国出台《环境影响评价法》，明确提出了环境权和“公众环境权益”的概念，该法规定，“国家鼓励有关单位、专家和公众以适当方式参与环境影响评价”；“专项规划的编制机关对可能造成不良环境影响并直接涉及公众环境权益的规划，应当在该规划草案报送审批前，举行论证会、听证会，或者采取其他形式，征求有关单位、专家和公众对环境影响报告书草案的意见”。《环境影响评价法》颁布和实施，对中国环境保护具有重大意义。

除了《环境保护法》《环境影响评价法》之外，中国还相继制定了《固体废物污染环境防治法》《大气污染防治法》《水污染防治法》《海洋环境保护法》《环境噪声污染防治法》《放射性污染防治法》等控制污染的法律，以及《水土保持法》《森林法》《草原法》《野生动物保护法》《农业法》《节约能源法》《可再生能源法》等一批资源保护方面的法律，另外还制定了数百件行政规章和地方性法规，国家标准 800 多项。目前，《自然保护区法》等法律的制定也在准备之中。根据国情的变化，中国立法部门及时对这些法律进行修订，不断推动环境法治

2009中国北京国际节能环保展览会，工作人员介绍新型能源的开发利用。

建设走向深入。环境法治建设是中国依法治国方略的重要组部分。

2008年，中国出台《循环经济促进法》，该法的颁布与实施，为保障环境保护和资源节约的基本国策、建立资源节约型和环境友好型社会提供了最为基础的法律保障。《循环经济促进法》将循环利用理念扩大到社会生产、流通和消费的全过程，在有效减少污染物排放的同时，为经济发展开辟新的资源，同时还可以大幅降低企业和社会的生产成本，提高经济效益。

随着环境法律的日益完备，中国的环境法治理念也有了很大提升，政府和公众日益重视依法保护环境和资源。2008年全国人大修订《水污染防治法》，第7条首次以法律的形式将“生态补偿”法制化，使环境保护措施与利益保障机制紧密结合起来。这部新修订的法律还赋予环保部门限期治理的决定权。

环境保护国际合作

从 1972 年派代表团参加联合国首次人类环境会议起，中国的环保事业始终是国际环保事业的重要组成部分。中国十分重视资源节约和环境保护领域的国际合作，缔结或参加了《联合国气候变化框架条约》《京都议定书》《生物多样性公约》《联合国防治荒漠化公约》等 30 多项国际环境与资源保护条约，并积极履行所承担的条约义务。

1992 年，联合国在巴西里约热内卢召开了环境与发展大会，中国派出庞大的代表团出席这次大会。会前，为协调发展中国家的立场，中国邀请 41 个国家的部长在北京举行会议，发表了《北京宣言》，阐明了对世界环境与发展的立场和主张，此会议产生了广泛的国际影响。在环发大会期间，中国与 77 国集团合作，以“77 +1”的方式共同提出立场文件和决议草案；当谈判处于僵局时，中国发挥了协调和推动作用。作为发展中大国，中国为此次会议的圆满召开作出了重大贡献。

这次大会后，中国制定并于 1994 年通过了《中国 21 世纪议程》。为了支持《中国 21 世纪议程》的实施，中国同时还制定了《中国 21 世纪议程优先项目计划》。《中国 21 世纪议程》的编制工作是在联合国开发计划署（UNDP）的支持和帮助下进行的，编制和实施《中国 21 世纪议程》被列为中国政府和联合国开发计划署的正式合作项目。这项工作引起了国际社会的广泛关注，并得到国外很多有关政府机构和国际组织（如联合国有关机构、世界银行、亚洲开发银行）的大力支持和参与。

里约热内卢大会通过了《联合国气候变化框架公约》，中国于 1992 年 6 月 11 日签署该公约。按该《公约》规定，发

2008年10月，第四届环境与发展中国（国际）论坛在北京举行，中华环保联合会与苏伊士环境集团签订“战略合作伙伴协议”。

展中国家不承担有法律约束力的温室气体减排义务，但要求所有缔约方制定、执行、公布并经常更新应对气候变化的国家方案。而中国是最早制定实施《应对气候变化国家方案》的发展中国家。中国作为第二大二氧化碳排放国，既警惕国际范围内碳密集和高耗能项目向中国的转移，也在不断提高自己的“绿色度”，发展节能、低污染的技术和产品。作为履行《气候公约》的一项重要义务，2007年5月，中国颁布《中国应对气候变化国家方案》，对气候变化问题给予高度重视，并根据国家可持续发展战略的要求，采取了一系列与应对气候变化相关的政策和措施，为减缓和适应气候变化作出了积极的贡献。这个方案明确了到2010年中国应对气候变化的具体目标、基本原则、重点领域及其政策措施。

随着中国在世界经济、资源等领域的影响不断扩大，近年来，国际社会对中国环境问题非常关注。诚然，中国面临

2009年9月14日，环境国际公约履约大楼启用仪式在北京举行。中国环境保护部部长周生贤（中）、意大利环境领土与海洋部部长普雷斯蒂贾科莫女士（左）、《蒙特利尔议定书》多边基金执委会主席阿马赞等共同出席启动仪式。

一系列严峻的环境问题，诸如沙尘暴、污染事件、电子废物等，但中国一直在努力推进环保事业，不断提高环保水平。世界上许多人都意识到中国面临的环境挑战，并送给中国良好的祝愿。2005 年 6 月，英国《自然》杂志推出探讨中国环境问题的封面文章，题为《中国在世界中的地位》。作者写道："在过去 20 年，中国已经铸就了一个经济奇迹。我们希望，未来 20 年，中国也能造就一个环境奇迹，并且树立一个好榜样，让其他国家取得社会经济和环境的可持续发展。其结果将不仅影响中国，而是整个世界。"

2008 年北京奥运会，中国兑现自己的承诺，办了一届"绿色奥运"。这可以说是中国奉献给世界环保事业的一份最好的礼物。北京奥组委对国内和国际的非政府组织均保持了开放和合作的态度。联合国环境规划署在 2007 年 10 月的北京奥运会环境审查报告中，注意到北京奥组委与很多环境保护非

2009 年 6 月，蓝天白云下的北京奥运中心区景色宜人。

政府组织合作。北京奥运会期间的空气质量究竟会怎样？这个问题曾引发一些人的担心，大量国际媒体也予以关注。而在北京奥运会的 17 天里，每天空气质量都在良以上，其中有 10 天为优。联合国环境规划署发表公告称，“北京空气质量得到改善”。整个 2008 年，北京市空气质量在良以上的天数累计达到 274 天，比 2007 年多出 28 天。良好的环境成为北京奥运会留下的另一笔重要财富。

中国在履行其他国际环境公约方面也有很好的表现。比如，中国《关于消耗臭氧层物质的蒙特利尔议定书》履约工作成果显著，截至 2008 年底，该《议定书》多边基金执委会已批准中国 17 个行业整体淘汰计划，其中已完成 3 个，14 个正在执行。另外，《生物多样性公约》《关于持久性有机污染物的斯德哥尔摩公约》等的履约工作进展也比较顺利。中国是世界上最早签署并批准《生物多样性公约》的国家之一，该公约的《卡塔赫纳生物安全议定书》于 2005 年 9 月 6 日对中国生效。

自然生态系统

中国地域辽阔，自北向南有寒温带、温带、暖温带、亚热带和热带5个气候带，地貌类型十分复杂。独特的气候和地貌特征使得中国自然生态系统比较丰富，从大的范围说，有淡水生态系统和海洋生态系统这样的水域生态系统，也有森林生态系统、草原生态系统、荒漠生态系统这样的陆地生态系统，还有介乎二者之间的湿地生态系统。由于数千年的开发历史和巨大的人口压力，中国各类生态系统均受到不同程度的开发、干扰和破坏，迫切需要人们去关爱和保护它们。

淡水生态系统

对人类来说，水是生命之源。淡水资源是人类生产和生活不可缺少的自然资源，也是生物赖以生存的环境资源和支撑国民经济健康发展的经济资源。

长江上游的金沙江水势湍急，在云南丽江附近形成壮观的虎跳峡。

中国的淡水生态系统主要包括河流、湖泊等。中国江河众多，流域面积在 100 平方公里以上的河流有 5 万多条，1000 平方公里以上的有 1500 多条。但受气候和地形的影响，这些河流分布很不均匀，河网密度自东南向西北递减。中国河流的径流量年内及年际变化也比较大，具有夏季丰水、冬季枯水、春秋过渡的规律。此外，中国还有冰川 43000 余条，

江西鄱阳湖是中国最大的淡水湖。

总面积58700平方公里，总贮量约52000亿立方米，冰川资源占亚洲冰川总量的一半以上。这些冰川集中分布在中国的西部地区。

中国是多湖泊国家，面积在1平方公里以上的天然湖泊有2800多个。中国湖泊分布范围广，但分布不均匀：东部平原和青藏高原形成两大稠密湖群，内蒙古高原、云贵高原、柴达木盆地和准噶尔盆地湖泊亦星罗棋布，但长江上游、珠江流域和浙闽丘陵等地区的湖泊则寥寥无几。

就水资源总量而言，中国比较丰富，但人均拥有量少，并且水资源时空分布不均，水土资源组合不平衡。降水是中国河川径流的主要补给来源，全国降水量的44%转化为径流。但中国降水量受海陆分布和地形等因素的影响，地区分布很不平衡；年降水量由东南沿海向西北内陆递减。东南沿海可达1200毫米，而西北干旱地区则小于50毫米，甚至接近于零。水资源的地区分布与人口和耕地的分布也不相适应，南方耕地面积只占全国的35.9%，水资源却占总量的81%；北方黄河、淮河、海河、辽河流域的耕地多、人口密，淡水资源却只占全国的19%，人均占有水量只有全国平均量的18%左右。

另外，中国水资源受气候因素影响大。中国降水地区分布由东南向西北递减，受此影响，河网密度也具有由东南向西北减少的规律。西部干旱地区内流河的补给水源主要靠永久冰雪融水，气温高低直接影响到径流量的大小。北方河流的补给水源中有季节性冰雪融水，河流一般有春汛。河流冰封时间的长短也由气温决定，在由低纬向高纬流动的河段，由于气温的变化，还会出现凌汛。

中国以占世界6%的淡水资源，养活着世界上22%的人口，水资源不足的矛盾十分突出。近年来，随着中国经济的

发源于新疆阿尔泰山的喀纳斯河

高速发展和人口不断增加，用水量急剧增长；城市工业废水、污水的大量排放，带来了严重的水资源污染，可供人类安全饮用的水源日益短缺。水不再是一种“取之不尽，用之不竭”的自然资源，许多城市都面临“水荒”。水资源问题严重影响了中国的环境与发展。据一些环境保护组织的调查，中国公众最关心的环境问题，排在首位的即是饮用水源污染问题，特别是一些中小城市和农村的水源污染。为解决这个问题，中国加强了淡水生态系统和水源的保护工作。

中国政府十分重视饮用水安全工作，从20世纪80年代起即加强饮用水源保护，污染源治理和饮用水监督管理力度不断加大。各城市和地区通过建立不同级别的饮用水源保护区，以及饮用水源地环境保护规划等，加强饮用水水源地保护工作。针对不同级别的保护区分别制定相关保护策略，例如取缔饮用水源地一级保护区排污口（包括工业和生活排污口），取缔二级保护区工业直接排污口，禁止在水源保护区内取土、取沙、采石等。

在“十一五”期间，中国将重点解决113个环保重点城市的水质不达标水源地及非重点城市的重污染水源地的环境问题，重点解决一级保护区生活污染问题，并开展饮用水水源地的保护和水污染防治工程。中国还实施了农村饮水安全工程，“十一五”期间要解决1.6亿农村人口饮水安全问题。

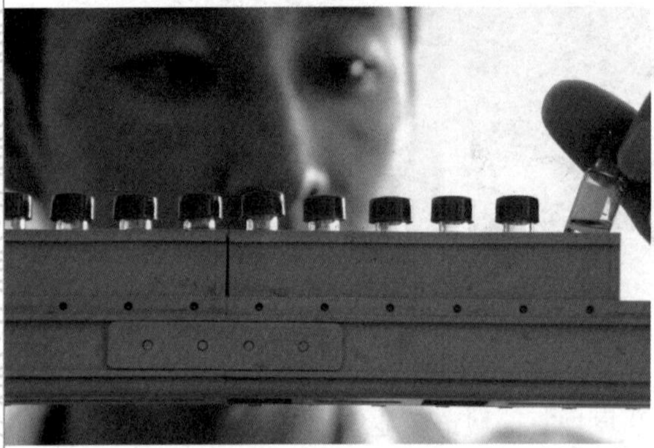

2006年8月，松花江支流牤牛河发生化工污染事故，哈尔滨环保监测部门立即对水源地进行取样检查。

近年来，中国环保部门加强全国重点流域水污染防治工作，并取得一定成效。2008年，中国全国地表水污染依然比较严重，淡水七大水系（长江、黄河、珠江、松花江、淮河、海河和辽河）水质总体为中度污染，与上年持平。200条河流409个水质监测断面中，满足国家地表水标准Ⅰ—Ⅲ类的比例为55.0%，属于可饮用；这一比例比2007年的50.0%有明显提高。

在中国淡水水系中，珠江、长江水质总体良好，松花江为轻度污染，黄河、淮河、辽河为中度污染，海河则为重度污染。珠江水系水质良好，与当地的保护亦有关系。例如东江（珠江流域的第三大水系）注入深圳、香港，是3000多万居民生活的主要水源，占香港淡水供应量的近八成。上世纪八九十年代，东江源头一度矿山林立。近年来，当地政府取缔关闭了330多个矿点，通过大规模的禁采复垦，东江源区平均森

黄河为多泥沙河流，图为黄河中段山西省壶口瀑布。

林覆盖率提高到78.2%。环保部的监测数据表明，在全国大江大河中，东江已成为水质保持最好的河流之一。

令人忧虑的是，根据专家预测，随着近年来中国气温变暖趋势的加剧，青藏高原和天山冰川将加速退缩，一些小型冰川将消失，由此产生一些极端天气和气候事件。另外，饮用水或生活用水问题在全国范围内还没有完全解决。湖泊的富营养化问题突出，据统计，全国75%的湖泊均呈富营养化。28个国控重点湖泊、水库中，Ⅳ类水质的6个，Ⅴ类水质的5个，劣Ⅴ类的11个，也就是说，水质为，Ⅳ类以下的竟有22个，占到重点湖（库）的78.6%。2006年末的松花江污染事件和2007年夏发生的太湖、滇池、巢湖等水域的蓝藻事件，则直接造成受害地无法从原水源取水。这些严峻形势均意味着，中国在保护和治理水源方面面临的压力还很大。

海洋生态系统

中国大陆有四大近岸海域，即渤海、黄海、东海和南海，总面积为473万平方公里。中国的海岸线（岛屿岸线和大陆岸线）约为32000多公里，其中大陆岸线为18000多公里。从目前的状况看，世界各国的沿海地区都不同程度地出现了生物多样性减少、海平面上升、渔业资源枯竭、自然灾害频繁、沿岸水域污染等生态危机，对区域乃至全球社会经济发展产生了不利影响。这种情形同样出现在中国。如何在经济快速发展的进程中保护海洋生态环境，实现人与自然和谐相处，已成为人们必须面对的问题。

由于工业和城市废水以及养殖污水大量排放，中国近岸海域的水环境和沉积物环境质量下降，水体富营养化较为严

海南大洲岛是国家级海洋生态自然保护区。

重；局部区域污染严重，自然生态系遭到破坏，生态脆弱性加大。受港口建设、填海造地、固体废物倾倒及海上养殖等活动的影响，海域面积缩小，滩涂大量减少，海洋的自净能力也被削减。另外，海滩违法挖沙现象严重，导致沿岸防护林面积减少，水土保持能力下降，破坏了滨海景观和生态系统。保护海洋生态系统，已成为刻不容缓的重大问题。

根据环保部门的监测数据，2008 年，全国近岸海域水质总体为轻度污染。与上年相比，水质略有上升。近海大部分海域为清洁海域，远海海域水质保持良好。近岸海域 301 个海水水质监测点中，一、二类海水比例为 70.4%，比上年上升 7.6 个百分点；三类海水占 11.3%，与上年基本持平；四类和劣四类海水占 18.3%，下降 7.1 个百分点。其中黄海、南海近岸海域水质良，渤海水质一般，东海水质差。

2007 年 6 月，广东深圳附近海域受赤潮污染，与蓝天白云形成鲜明对比。

2008 年，环保部门监测的 198 条入海河流水质总体仍然较差，污染物入海量大于直排海污染源污染物入海量。东海的河流污染物入海总量远高于其它海区。高锰酸盐、石油类、总磷等主要污染物排海总量有所上升。这一年，全海域共发生赤潮 68 次，与上年相比，发生次数减少了 14 次，但赤潮累计面积则增加了。

现在人们正在努力留住美丽的海滨，努力恢复海洋生态，其途径一是加大保护力度，严格控制海洋污染，二是让海洋

资料链接

"红色幽灵"赤潮

赤潮又称红潮，是海洋生态系统中的一种异常现象，是由海藻家族中的赤潮藻在特定环境条件下爆发性地增殖造成的。赤潮发生后，海水一般变成红色，有时也呈现黄、绿、褐色等不同颜色。赤潮的发生常伴有鱼类及其它海洋生物因缺氧死亡的现象，同时还会释放出大量有害气体和毒素，严重污染海洋环境。大量含有各种含氮有机物的废污水排入海水中，促使海水富营养化，是引发赤潮的重要原因。

休养生息。

中国政府近年来采取有力措施，保护有“海底森林”之称的红树林资源，特别是发挥红树林在净化重金属、农药、生活和养殖污水以及防止赤潮发生方面的重要作用。组成红树林的主要是红树科植物，它们是一种稀有的木本胎生植物，具有维护海洋生态平衡的特殊作用。红树林生长在热带、亚热带海边的滩涂地带，根系发达。涨潮的时候，红树的大部分都会没入海水中。红树林在海岸形成一道绿色屏障，对保护海岸稳定起着重要的作用。红树林湿地是一种生态关键区，其发达的根系堪称天然的污水处理系统。

中国红树林主要分布于台湾、海南、广东、广西和福建沿海地区，其中以广西自治区红树林资源最丰富，其红树林面积占全国红树林面积的三分之一强。与热带海洋的珊瑚礁一样，红树林滩涂是众多海洋生物的栖息场所。中国红树林湿地生物多样性丰富，包括潮滩湿地环境专有的红树或半红树乔、灌木和常见的伴生植物，以及大型藻类、浮游植物、浮游动物、底栖动物、昆虫、鸟类、哺乳动物、爬行动物等，其中包括不少珍稀濒危或国家保护的动植物种类。

海南三亚海边的红树防护林

目前，中国已建立七个省级以上的红树林保护区，区内红树林约占全国红树林总面积的一半。广西红树林研究中心是中国建立的第一个比较完整的红树林保护、科研与管理单位。

进入 20 世纪 90 年代以来，中国沿海各地的海洋渔业资源出现衰退，海洋渔业的可持续发展受到严重威胁。为了保护海洋资源，中国从 1995 年开始正式实施海洋伏季休渔制度，即在每年的特定时间、特定水域内停止捕捞作业，保护水生动植物资源。目前，休渔海域覆盖了中国管辖的全部四个海区，涉及沿海 11 个省（自治区、直辖市）以及香港、澳门特别行政区，休渔渔船约 12 万艘，休渔渔民上百万人。这是迄今为止中国在渔业资源管理方面采取的覆盖面最广、影响面最大的一项保护管理措施。中国实施休渔制度，使渔业资源下滑的势头得到有效遏止，不过，许多优质鱼类从鱼苗生长到大鱼，需要数年到十年的时间，中国海洋生态保护形势依然严峻。

森林生态系统

中国森林资源丰富，森林生态系统类型多样。中国的森林生态系统在全球经济社会可持续发展、生态安全和生物多样性保护方面具有举足轻重的地位。

截至2008年，中国森林面积为1.95亿公顷，森林覆盖率为20.36%，森林蓄积量为137.21亿立方米。中国森林生态系统主要分布在东部地区，受热量的影响，从北到南依次分布的典型森林生态系统类型有寒温带针叶林、温带针阔叶混交林、暖温带落叶阔叶林和针叶林、亚热带常绿阔叶林和针叶林、热带季雨林、雨林等。

中国是世界上森林资源增长最快、人工造林面积最大的国家，仅2003至2008年，中国森林面积即净增2054万公顷；中国人工造林面积达5400万公顷，居世界第一。目前中国正在实施三北防护林、长江流域防护林、沿海防护林、珠江流域防护林、京津风沙源治理工程、太行山绿化工程、平原绿

北京昌平区上店村村民在大风中坚持植树造林。这里是“京津风沙源治理工程”的重点段之一。

新疆的塔里木沙漠公路防护林

化工程等防护林工程。

为了从根本上改变中国西北、华北、东北地区风沙危害和水土流失的状况，1978年，中国启动大型人工林业生态工程——“三北”防护林工程。这项工程计划至2050年结束，将历时73年，分三阶段、八期工程进行。按规划造林5.34亿亩（15亩为1公顷），到工程结束时三北地区的森林覆盖率将由1977年的5.05%提高到14.95%，使三北地区风沙危害和水土流失得到有效控制，生态环境得到很大改善。

该工程实施范围涉及西北、华北、东北13个省、自治区和直辖市的590个县，建设总面积406.9万平方公里，占中国国土总面积的42.4%。该工程被誉为中国的“绿色长城”，其建设工程规模之大、持续时间之长，均超过了此前进行的美国的罗斯福工程（1934年）、前苏联的斯大林改造大自然计划（1948年）、北非五国的绿色坝工程（20世纪70年代末）等，被国际舆论称为“世界生态工程之最”。

到2000年底，“三北”防护林工程已完成前三期建设任务，共完成造林面积2200多万公顷。在黄土高原和华北山地等重点水土流失区，共营造水土保持林550多万公顷，水源涵养林100多万公顷，治理水土流失面积近14万平方公里，约40%的水土流失面积得到治理；共营造农田防护林200多万公顷，有2130万公顷农田实现林网化，占三北地区耕地总面积的64%；三北地区活立木蓄积量达9.97亿立方米，发展经济林360多万公顷，建设了一批名、特、优、新果品基地，年产干鲜果品1255万吨，总产值达170亿元。

“三北”防护林四期工程自2001年开始实施，4年之后，又累计完成造林面积150.31万公顷，累计完成新封山育林面积121.19万公顷。

从1998年起，中国开始实施“退耕还林”政策，并启动“天（然林）保（护）工程”。在中国现有森林中，天然林面积占70%。“天保工程”主要解决天然林的休养生息和恢复发展问题，实现林区生态建设与经济、社会的协调发展。这项

重庆市云阳县境内的天然林，它们得到有效保护。

实施退耕还林后的长江三峡美景

工程 1998 年开展试点，2000 年在全国 17 个省、自治区和直辖市全面启动。工程实施期从 2000 年到 2010 年，总投资 962 亿元。该工程使长江上游、黄河上中游地区和东北、内蒙古等重点国有林区的天然森林得到切实保护。

1999 年，四川、陕西、甘肃三省率先启动退耕还林还草试点工作。2002 年，全国性的退耕还林还草工程正式全面启动。如今中国已普遍实施退耕还林还草工程，对易造成水土流失的坡耕地和易造成土地沙化的耕地，有计划、有步骤地停止耕种，因地制宜地植树种草，恢复林草植被。

2003 年，中国政府提出“充分利用国内外两个市场、两种资源”，加快林业发展的政策。至 2008 年，累计退耕还林、植树造林 3191 万公顷，全国城市绿化覆盖率由 29.5% 上升到 35.11%，人均公共绿地面积由 6.49 平方米增加到 8.6 平方米。这些成果产生了良好的经济、生态和社会效益，工程区

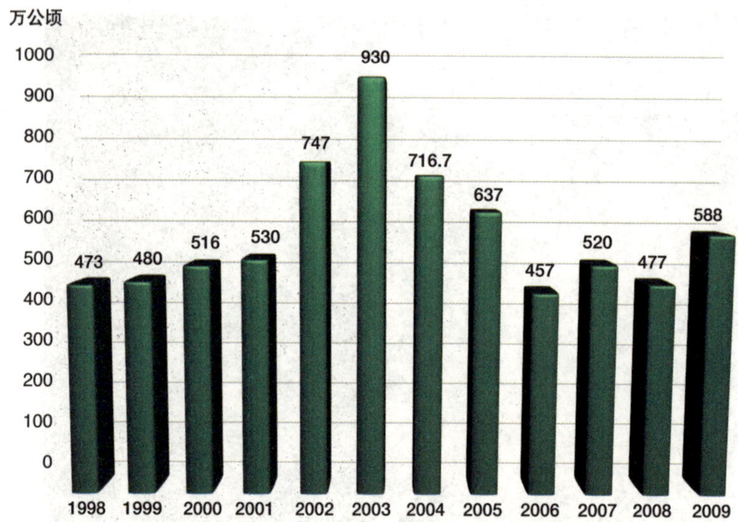

数据来源：国家统计局发布的历年《全国年度统计公报》

1998—2009年全国造林情况

森林资源稳定增长，水土流失面积减少，沙化土地治理见成效，而农民则得到了实惠。山西省忻州市五寨县地处黄土高原，过去这里的草场是“羊吃蹄又刨，风刮一道壕；羊瘦又坏地，绿色成泡影”。而今6万多亩流动沙丘全被植被覆盖固定，通过封山禁牧、造林绿化，这个县的林地已达近83万亩，植被覆盖率达52%，自然环境发生了翻天覆地的变化，村民们的生产、生活条件也大为改善。

近年来，中国实施森林生态效益补偿制度，森林面积和森林蓄积量迅速增加，林龄结构、林相结构趋于合理，森林质量趋于提高，实现了由持续下降到逐步上升的历史性转折。但是，有些地方为追求经济效益，用经济作物替换天然林。虽然从数字上看森林覆盖率提高了，但从长远来看，这种做法会严重影响中国的森林质量。如何应对类似这样的问题，是摆在中国环保部门和有关人士面前的新课题。

草原生态系统

中国草原面积为4亿公顷，约占国土面积的41.7%，比森林面积和耕地面积都要大得多。中国草原面积仅次于澳大利亚，居世界第二位，约占世界草原面积的13%。可以说，中国是一个名副其实的草原资源大国。西藏、内蒙古、新疆、青海、四川、甘肃、宁夏、陕西、贵州、云南、广西、重庆等十二省（直辖市、自治区）草原面积约3.3亿公顷，占全国草原面积的84.4%，中国草原从东北大兴安岭、松嫩平原和呼伦贝尔高原起，呈带状向西南延伸，经内蒙古高原、黄土高原，到青藏高原的南缘，绵延4500多公里。

草原是中国面积最大的绿色生态屏障，是牧民赖以生存的基本生产资料，也是中国少数民族的主要聚居区。2008年，全国天然草原鲜草总产量94715.5万吨，折合干草约29626.8万吨，载畜能力约23178万个羊单位。

资料显示，从上世纪初到现在，中国北方草原已向北退

新疆巴音布鲁克草原，被誉为“天鹅之乡”，四周是连绵的雪山。

缩约200公里，向西退缩约100公里；90%的天然草原出现不同程度的退化。近年每年减少约150万公顷，这种趋势还在继续。近年来，中国加强草原的生态建设和规划管理，草原工作实现由经济目标为主向"生态、经济、社会目标并重，生态优先"的转变，草原植被得到有效恢复，草原生态环境逐步好转。2000年至2005年，中央财政共投入资金90多亿元人民币，实施天然草原植被恢复与建设、草原围栏、牧草种子基地、退牧还草、京津风沙源治理工程草原生态建设等项目。2003年至2008年，五年累计退牧还草3460万公顷。

2008年，中国在内蒙古、四川、甘肃、宁夏、青海、西藏、新疆、云南、贵州和新疆生产建设兵团实施退牧还草工程，投入15亿元，建设草原围栏522.8万公顷，开展石漠化治理2.7万公顷，对严重退化草原实施补播156.9万公顷。在北京、内蒙古、山西、河北实施京津风沙源草地治理工程，投入3.9亿元，治理草原23.6万公顷，建设棚圈121万平方米，配置饲草料加工机械25540台套。通过这些项目的实施，工程区

生态保持良好的内蒙古呼伦贝尔草原，牛马在饮水吃草。

划区轮牧的内蒙古草原

草原植被盖度、高度和鲜草产量大幅提高，草原生态环境明显改善，基础设施建设得到加强，草原畜牧业生产方式有效转变。

为合理有效地利用草原，中国的草原牧区推行划区轮牧制度：将每个畜群的放牧地根据其生产力和利用特点划分为若干小区，实行有计划的轮牧，目的是既要把牲畜放牧好，又要维持草原的生产力。划区轮牧是通过人的作用，把牲畜和草原很好地结合起来的一项综合技术。

实行划区轮牧后，牲畜的活动范围被局限在一个面积较小的小区上，它们不得不对牧草均匀利用。与自由放牧相比，同一块草可多养牲畜 30%。划区轮牧依次均匀地利用每一块草地，从而使优良牧草能不断地生长繁殖。由于牲畜比较集中，便于牧人看管，病畜可以及早发现，兽害和丢失等损失也相应减少。

划区轮牧一般利用铁丝网作为围栏，同时也尽量利用自然条件，如林带、壕沟、溪流、湖泊、山岭以及人工的望标（如标杆、石堆、土堆）等作为小区的天然界线。采用电围栏划区轮牧，则更为理想。

草原面对的灾害，主要有火灾、鼠害、虫害等。2008 年，全国因火灾而受害的草原面积为 9895.9 公顷，同比上年减少 13.0%。而同年，草原鼠害危害面积 3675.8 万公顷，占草原总面积的 9.4%，比上一年减少 5.6%；虫害危害面积 2700.7 万公顷，占草原总面积的 6.9%，同比增加 53.6%。减少这些灾害的发生，是保护草原生态的重要环节。

以防治鼠害为例，草原野鼠类个体小而数量众多，对草原的危害相当严重。在中国干旱草原、高寒草原和高寒草甸草原地区，被鼠类破坏的草原面积占该地区草原总面积的 30% 以上。除了使用工具和药物灭杀之外，利用鼠类的天敌灭鼠是一种既经济又科学的方法。比如，一只猫头鹰在一个夏季可以捕杀 1000 只田鼠，一只白鼬一年可捕食 2500—3500 只鼠。最简便的方法是在草原上每隔 500 米埋一根木杆，供猛禽落脚，则基本上可以控制该地区的鼠害发生。

荒漠绿洲生态系统

中国的荒漠化土地分布在 18 个省、区、市中的 471 个县、旗、市，主要分布在西北、华北北部、东北西部及西藏北部等 12 个省、区、市。中国荒漠化土地主要有风蚀、水蚀、冻融、土壤盐渍化四种类型，其分布范围垂直跨越数千米，从海平面到高寒荒漠地带，均有荒漠化的影子。其中，风蚀荒漠化土地面积 160.7 万平方公里，主要分布在干旱、半干旱地区，在各类型荒漠化土地中是面积最大、分布最广的一种。

水蚀荒漠化土地总面积为20.5万平方公里，呈不连续的局部集中分布。中国冻融荒漠化土地的面积共36.6万平方公里，主要分布在青藏高原的高海拔地区。中国盐渍化土地总面积为23.3万平方公里，比较集中连片分布在塔里木盆地周边绿洲以及天山北麓山前冲积平原地带、河套平原、银川平原、华北平原及黄河三角洲地区。

荒漠主要位于中国西部省区的大江大河源头。荒漠是个脆弱的生态系统，其中沙地植被是维护荒漠生态系统的主体，一旦破坏，将很难恢复。中国在治理荒漠生态系统时，把保护荒漠植被放在第一位。在大沙漠里，胡杨林的固土作用十分明显，有的树树龄达几百年、上千年。红柳、梭梭、榆树、柠条、沙棘等也是必须保护的抗沙树种。中国实施荒漠生态系统保护，对西部的水源涵养和水土保持起到了关键作用。

20世纪50年代末、60年代初，中国在沙珠玉成立了青海省治沙试验站，开展了多种形式的治沙造林试验并示范推广应用。在专家指导下，当地采用工程和生物措施相结合的方法防沙治沙，建立了封山育草带、固沙造林带和农田防护林带，形成了综合防护体系，使该地区生态环境得到明显改善。这种经验在全国沙漠化地区得以推广。

陕西省靖边县东坑镇金鸡沙村的牛玉琴是一位治沙能手。从1984年开始，她与家人就植树造林治理沙漠，先后承包治理荒沙11万亩，使荒沙变成绿洲，取得了令世人赞叹的成就。1993年，她被联合国粮农组织授予“拉奥博士”奖。她在240亩荒沙地上建起了被称为“绿源村”的移民村，自来水、路、电配套齐全，可供24户移民居住。

中国将防止土地沙化作为改善生态环境、拓展生存和发展空间、促进经济社会协调和可持续发展的战略举措。近年来，

位于新疆塔克拉玛干沙漠腹地的塔里木河胡杨林，这种树种对抗击风沙有重要作用。

中国政府颁布实施了《防沙治沙法》，批复了《全国防沙治沙规划（2005—2010年）》，实施一批防沙治沙重点工程，使荒漠化和沙化土地面积同时出现净减少，荒漠化和沙化整体扩展的趋势得到初步遏制。

进入21世纪后，中国防沙治沙的思路是“预防为主，防治结合，综合治理”。预防为主是指全面防治沙漠化的发生和发展，不仅要保护现有植被，还要保护沙区的水面、湿地等，防止产生新的沙化土地。防治结合是把控制沙化速度、防治沙化发生作为主攻目标，集中治理对群众产生直接危害的地段，通过植树种草不断扩大治理范围。综合治理是指不仅要把某个点上的沙漠化土地治理好，而且要防止大面积土地沙漠化的发生。

为了防止沙化土地进一步扩大，中国已沿八大沙漠、四大沙地周边建立起大型防风固沙林草带，在沙漠与绿洲之间则建立大型固沙防护林带。同时，在风沙危害严重的干旱耕地，推广保护性耕作法；对沙化耕地，则实行退耕还林还草。对草场沙化、退化地区，实行以牧为主，封禁沙化退化土地。中国各地对荒漠生态系统保护与治理的实践表明，在流动沙地上，当草灌覆盖度达30%以上时，流沙就基本上被固定；

资料链接

中国的“八大沙漠”和“四大沙地”

中国是沙漠比较多的国家之一，其中比较大的沙漠和沙地有12处。“八大沙漠”即：塔克拉玛干沙漠、古尔班通古特沙漠、巴丹吉林沙漠、腾格里沙漠、柴达木沙漠、库姆塔格沙漠、乌兰布和沙漠和库布齐沙漠。“四大沙地”即：毛乌素沙地、浑善达克沙地、科尔沁沙地和呼伦贝尔沙地。干旱区的流沙堆积称沙漠，半干旱区的流沙堆积则称沙地。

位于新疆的塔克拉玛干沙漠是中国最大的沙漠。

当灌木覆盖度在 40% 以上时，沙化土地面积就可以控制。

中国的绿洲主要分布在西北部祁连山和昆仑山北麓、天山南北麓、河套平原等地区。新疆绿洲最为广泛，其 86 个县市所在地就是 80 多片大绿洲，其中塔里木盆地边缘 42 个，准噶尔盆地边缘 28 个，其它则分布在哈密－吐鲁番盆地和伊犁河谷地中。河西走廊的 21 个县市所在地构成 19 片大绿洲。柴达木盆地 40 多个城镇和居民点也是 40 多个小绿洲。

近百年来，人们通过人工长距离修渠引水、开采地下水或修建水

生长在内蒙古巴丹吉林沙漠上的植物

生长在新疆沙漠上的植物

库蓄水以及开垦荒地，形成了许多人工绿洲，塔里木河下游的铁干里克－大西海子水库绿洲、北疆准噶尔盆地的石河子－莫索湾绿洲、奎屯－车排子绿洲等均属此类。新疆石河子的兴起，可以说是绿洲开垦建设的典范。自上世纪50年代开始，通过约半个世纪的人工开垦，昔日的戈壁荒滩已变成新疆重要的棉花、粮食基地。青海省则相继建成了香日德、沙珠玉、诺木洪、格尔木和德令哈等一批高寒沙漠绿洲，促进了沙区农牧业全面发展。

湿地生态系统

湿地生态系统是开放水域与陆地之间过渡性的生态系统，具有一般水生生物所不能适应的周期性干旱，也有一般陆地植物所不能忍受的长期淹水。湿地对维护地球生态环境具有重要作用。

中国是亚洲湿地面积最大的国家，也是世界上湿地生物多样性最丰富的国家之一。中国湿地类型齐全，数量丰富，按照湿地公约对湿地类型的划分，31类天然湿地和9类人工湿地在中国均有分布。中国湿地分布广泛，根据生物区系特征、气候特点和生物多样性的丰富，可分为8个主要区域，即东北湿地、华北湿地、长江中下游湿地、杭州湾北滨海湿地、杭州湾南沿海湿地、云贵高原湿地、蒙新干旱半干旱湿地和青藏高原高寒湿地。

中国东部地区河流湿地多，东北部地区沼泽湿地多，而西部干旱地区湿地偏少。长江中下游地区和青藏高原湖泊湿地多，青藏高原和西北部干旱地区则多为咸水湖和盐湖。海南岛到福建北部的沿海地区分布着独特的红树林与亚热带和热带地区人工湿地。青藏高原具有世界海拔最高的大面积高原沼泽和湖群，形成了独特的高寒湿地生态环境。

中国现有100公顷以上的28类湿地总面积3848万公顷，其中，自然湿地3620万公顷，包括滨海湿地594万公顷，河流湿地821万公顷，湖泊湿地835万公顷，沼泽湿地1370万公顷。中国湿地物种非常丰富。包括兽类7目12科31种，鸟类12目32科271种，爬行类3目13科122种，两栖类3目11科300种，鱼类有1000多种。湿地高等植物约225科

浙江杭州西溪国家湿地公园

815 属 2276 种，苔藓植物 64 科 139 属 267 种，蕨类植物 27 科 42 属 70 种，裸子植物 4 科 9 属 20 种，被子植物 130 科 625 属 1919 种。

目前，以自然保护区为主体，湿地公园、湿地保护小区等多种保护管理形式并存的湿地保护管理体系正在逐步形成。截至 2008 年底，中国已建立湿地自然保护区 550 多处，国家湿地公园 38 处，共有 36 块湿地列入《湿地公约》的国际重要湿地名录；全国共有 1790 多万公顷自然湿地得到有效保护，约占总面积的 49%。仅在 2008 年，中国即新建国家湿地公园 20 个。

上世纪 70 年代末、80 年代初，中国改革开放开初期，由于追求经济效益，垦田、水电站建设、旅游开发等活动频繁，湿地一度遭到严重破坏。中国政府及民间组织随即积极开展湿地保护工作。1992 年中国加入湿地公约后，更加积极地开展湿地保护工作。国家林业局专门成立了“湿地公约履约办公室”，负责推动湿地保护的规划和执行工作。2000 年 11 月，中国发布《中国湿地保护行动计划》。2004 年 2 月，经国务院批准，中国国家林业局公布了《全国湿地保护工程规划》。经过近 20 年的不懈努力，中国湿地的恢复和建设取得了重大成效。经过四次申报，迄今中国已经有 36 处湿地列入《湿地公约》国际重要湿地名录，包括黑龙江扎龙、青海鸟岛、香港米埔和后海湾、黑龙江三江、上海崇明东滩、云南碧塔海、云南拉市海、西藏麦地卡、四川若尔盖等。

黄河三角洲地处渤海之滨的黄河入海口，位于山东省东营市境内。黄河入海口处具有独特的自然地理位置和气候特征，蕴藏了丰富的湿地资源，湿地总面积约 1410 平方公里，是世界上暖温带保存最广阔、最完善、最年轻的湿地生态系统。

这里建有山东黄河三角洲国家级自然保护区，主要保护对象为原生性湿地生态系统和鸟类。

山东东营黄河三角洲湿地

黄河三角洲湿地属温带季风气候，景观类型多样，天然湿地面积比重较大，占湿地总面积的68.4%左右，包括淡水生态系统的河流、湖泊，陆地生态系统的湿草甸、灌丛、疏林、芦苇、盐碱化湿地等。人工湿地以坑塘、水库为主。这里生物资源丰富，高等植物有116种，海洋生物有800多种，鸟类有187种，其中属国家重点保护鸟类有丹顶鹤、白头鹤等32种，属中日候鸟协定保护种类的有108种。黄河三角洲是东北亚内陆和环太平洋鸟类迁徙的重要停歇地

若尔盖湿地是保护良好的高原湿地。

若尔盖湿地上的花湖，水草丰美。

和越冬地。

四川若尔盖湿地国家级自然保护区地处青藏高原东缘，位于四川省阿坝藏族羌族自治州若尔盖县境内，属综合性湿地生态系统类型自然保护区。该保护区总面积166570.6公顷。若尔盖湿地于1998年经国务院批准为国家级自然保护区，主要保护对象为高寒沼泽湿地生态系统和黑颈鹤等珍稀动物。2005年，若尔盖湿地保护区被《国家地理杂志》评为“中国最美的湿地”。

若尔盖湿地是青藏高原高寒湿地生态系统的典型代表，被国际湿地专家称为“世界上面积最大，最原始，没有受到人为破坏的最好的高原湿地”。区内为平坦状高原，最高海拔3697米，最低海拔3422

黑龙江扎龙自然保护区，这里主要保护对象是丹顶鹤及其他野生珍禽。

米，气候寒冷湿润，泥炭沼泽得以广泛发育。沼泽植被发育良好，生境极其复杂，生态系统结构完整，生物多样性丰富，特有种多，是中国生物多样性关键地区之一，也是世界高山带物种最丰富的地区之一。据初步调查，区内植物（包括菌类）有 207 种，其中星叶草、冬虫夏草为国家重点保护植物；脊椎动物有 218 种，其中国家重点保护野生动物有黑颈鹤、胡兀鹫、秃鹫、大天鹅等 30 多种。这里还是黑颈鹤的集中繁殖区之一，种群数量达 480 只左右。

近年来，若尔盖地表积水明显变浅，呈现出湿地生态系统退化和湿地沙化现象。另外，该保护区被三条公路包围和分切，也影响到了区内两栖类动物、哺乳类动物、鸟类等的生存。这引起了有关部门和人士的警惕和关注。

三江平原是中国最大的沼泽分布区，位于黑龙江省的黑龙江和乌苏里江的交汇处，是一个面积约 500 万公顷的冲积平原。“三江”即黑龙江、乌苏里江和松花江。该区内有三江

青藏铁路建设注重生态保护。

国家级自然保护区和洪河国家级自然保护区。三江国家级自然保护区位于三江平原的最东北部，北隔黑龙江、东隔乌苏里江与俄罗斯毗邻，保护区总面积为198100公顷。保护区内动物有哺乳类38种，鸟类231种，爬行类7种，两栖类5种，鱼类77种，其中包括东方白鹳、丹顶鹤、中华秋沙鸭、金雕、白尾海雕及玉带海雕等国家重点保护动物。洪河自然保护区位于三江平原的腹地，总面积为21835.7公顷，2001年1月被列为国际重要湿地。保护区内有鸟类173种，包括东方白鹳、黑鹳、丹顶鹤、白枕鹤、鸳鸯、大天鹅、白尾海雕、虎头海雕、乌雕、黑嘴松鸡等国家保护鸟类。

城市湿地是城市绿地系统的重要组成部分。湿地对城市生物多样性保护、城市园林建设和生态与环境建设具有重要作用。随着中国城市化加快，城市湿地面积消失或缩小趋势严重，调节功能退化，富营养化现象突出。中国目前对城市湿地的保护主要体现在两方面。一是建立湿地自然保护区；二是建设城市湿地公园，将适宜的城市湿地纳入城市绿地系统规划，通过合理保护利用，形成集保护、科普、休闲等功能于一体的公园。2005 年 2 月中国建设部颁发《国家城市湿地公园管理办法》（试行），为国家城市湿地公园保护提供了法律保障。2004 年，山东省荣成市桑沟湾城市湿地公园成为中国首个国家城市湿地公园。截至 2009 年 3 月，中国共颁布五批国家城市湿地公园名录，现有国家城市湿地公园总计 30 处。

生态恢复

由于数千年的开发历史和巨大的人口压力，中国各类生态系统受到不同程度的开发、干扰和破坏。生态系统退化，涵养水源、防风固沙、调节洪涝灾害、保持土壤、保护生物多样性等生态服务功能大幅度降低，并由此带来一系列生态问题，这对国家生态安全是一种严重威胁。因此，生态恢复已成为一项紧迫的任务。近年来，中国采取一系列措施，促进自然生态恢复，目标是到 2010 年，实施生态修复面积 30 万平方公里，治理荒漠化土地面积 2200 万公顷。

青藏铁路沿线生态恢复是一个典型的例子。青藏铁路穿越青藏高原，这里的自然环境独特、脆弱，被世界自然基金会列为“全球生物多样性保护”最优先地区。铁路的施工过程经过了环保部门和施工单位的严格挑选，对当地生态环境产生的影响可以说是微乎其微。但由于施工等人类活动，局部面积内的植被生长仍然不可避免地受到一定程度的影响。植被恢复研究就是专门针对这些区域进行的。

从 2001 年开始，与青藏铁路沿线植被恢复相关的工作就已经展开。研究人员选择了青藏高原上原有植物的种子进行实验，围绕哪些植物适合进行人工培植、人工培植植物在青藏高原的自然条件下是否能生长发育、植物是否能够顺利越冬和形成后的植物群落是否稳定等四个方面进行。研究部门在青海省境内的沱沱河、北麓河地区和西藏自治区的安多县分别建立了实验基地。青藏铁路沿线植被恢复研究将确保可以在青藏铁路建成后第一时间内进行沿线植被的恢复工作。同时，这些研究成果将被应用到铁路护坡的植被覆盖和保护上。

浑善达克沙地秋天的景色

中国科学院植物研究所在内蒙古浑善达克沙地进行的退化生态恢复试验，也很有启发意义。浑善达克沙地距北京直线距离180千米，是离北京最近的沙源。这处沙地水草丰美，景观奇特，被称为“花园沙漠”。但这里由于气候持续干旱和过度放牧，造成草场退化，河流湖泊萎缩，沙化日益严重，并成为近年来困扰北京的沙尘的主要源头之一。

中国科学院连续5年的试验表明，浑善达克沙地生态治理不必借助大规模种树、大范围飞播等人工手段，而完全可以按照自然的规律，借助自然力恢复。中科院采取的“以地养地”、“借助自然力恢复”途径，成本只有每亩20元，并且主要的费用是帮助当地解决水、电、路等难题，真正用在生态恢复上的费用，不过是每亩4元钱的围栏费。通过这种生态恢复方式，草原、灌木和天然乔木都是本地的，取得了明显的生态、社会和经济效益。

生物多样性

生物多样性是生物及其环境形成的生态复合体以及与此相关的各种生态过程的总和，包括动物、植物、微生物和它们所拥有的基因以及它们与其生存环境形成的复杂的生态系统。它是生命系统的基本特征，包含紧密联系的三个层次：遗传多样性、物种多样性和生态系统多样性，核心是物种多样性。生物多样性是人类赖以生存和发展的基础，保护生物多样性是全世界共同的责任。2010 年是联合国确定的国际生物多样性年，其主题是“生物多样性是生命，生物多样性就是我们的生命”。

中国是世界上生物多样性最丰富的国家之一，保护好中国的生物多样性意义重大。中国在生物多样性保护方面取得了令人瞩目的成就。

中国的生物多样性及其保护

中国国土辽阔，自然条件复杂多样，加之有古老的地质历史，孕育了极其丰富的植物、动物和微生物物种及其丰富多彩的生态组合，是全球 12 个“巨大多样性国家”之一。这具体体现在：

一，生态系统类型多样。中国拥有北半球所有的生态系统类型，主要有森林、草原、荒原、农田、湿地和海洋等，共约 595 类(群系)。

二，生物种类繁多。中国疆域辽阔，地形、气候复杂，南北跨越寒、温、热三带，高原、山地占 80%，生态环境多样，孕育了丰富的野生动植物资源。中国是地球上种子植物区系起源中心之一，含古北大陆、古南大陆和古地中海来源的区系成分。动物则汇合了古北界和东洋界的大部分种类。

位于西藏的南迦巴瓦峰，动植物垂直分布变化明显，被称为“世界山地植被类型的天然博物馆”。

除鱼类外，中国约有脊椎动物2619种，其中，哺乳类581种，鸟类1331种，爬行类412种，两栖类约295种。中国苔藓植物约有2200种，蕨类植物有2200—2600种。有裸子植物10科、34属、约250种，是世界上裸子植物最丰富的国家。被子植物约有328科、3123属、30000多种。此外，中国已记录的昆虫约有3000多种。

同时，中国物种的特有性较高。在脊椎动物中，特有种数达667种；在3万多种高等植物中，约有17300种为特有种。中国拥有大熊猫、朱鹮、金丝猴、华南虎、藏羚羊、黄腹角雉、扬子鳄、瑶山鳄蜥等数百种珍稀濒危野生动物，银杉、水杉等为中国的特有种和古老孑遗种。

三，经济物种多，驯化物种及其野生亲缘种多。中国是世界三大栽培植物起源中心之一，从古至今，中国人开发利用和培育繁育了大量栽培植物和家养动物，其丰富程度在世界上是独一无二的。水稻、大豆、谷子、苹果、梨、李、柿、

湖北神农架原始森林风景优美，气候适宜，保存了许多珍贵的野生动植物物种。

猕猴桃、荔枝、龙眼、枇杷等均起源于中国。同时中国现存大量栽培植物的野生亲缘种，如野生稻、野生大麦、野生大豆、野生茶叶、野苹果等。

中国的生物多样性在全世界占有十分独特的地位。保护中国生物多样性意义重大。现在，中国已初步建立了生物多样性保护法律法规体系，实施了退耕还林、退牧还草、退田还湖、天然林保护、野生动植物保护及自然保护区建设等重大生态工程，发布并实施了《中国水生生物养护行动计划纲要》和《全国生物物种资源保护与管理规划纲要》，85% 的陆地自然生态系统类型、47% 的天然湿地、20% 的天然林、绝大多数自然遗迹、65% 的高等植物群落类型和绝大部分国家重点保护珍稀濒危野生动植物种得到了有效保护。

不可否认，中国生物多样性保护仍面临巨大压力和严峻挑战，生物多样性减少的趋势短时间内难以扭转，一些重要物种栖息地受到威胁、遗传资源流失和丧失状况不容乐观。根据有关方面的报告，中国约有 4000—5000 种高等植物处于濒危或受威胁状态，占中国高等植物总数的 15%—20%。

建设自然保护区及动植物园

中华人民共和国建立后，中国政府一直重视生物多样性保护，积极参与国际生物多样性保护行动，并出台了一系列相关法律法规，建立自然保护区和动植物园及人工繁育基地，在生物多样性保护方面取得了世人瞩目的成就。

物种多样性保护的主要措施是就地保护和迁地保护。就地保护的主要方式是建立自然保护区，而迁地保护则主要是建立动物园、植物园及珍稀濒危动植物人工繁育基地。

四川卧龙自然保护区是著名的“熊猫之乡”。

青海省青海湖中的鸟岛自然保护区，是多种候鸟繁殖生息的场所。

建立自然保护区是保护生态环境、生物多样性和自然资源最重要、最经济、最有效的措施。截至2008年底，中国已建立各种类型、不同级别的自然保护区2538个，保护区总面积约14894.3万公顷。其中，国家级自然保护区303个，面积9120.3万公顷。到2009年底，自然保护区为2529个，其中国家级自然保护区319个。中国有28处自然保护区加入联合国教科文组织“人与生物圈保护区网络”，有20多处保护区成为世界自然遗产地组成部分。中国已初步形成类型比较齐全、布局比较合理、功能比较健全的全国自然保护区网络。特别是国家重点保护的珍稀濒危野生动植物物种，都在保护区内得到了有效保护。

目前中国已建立野生动物拯救繁育基地250多处，野生植

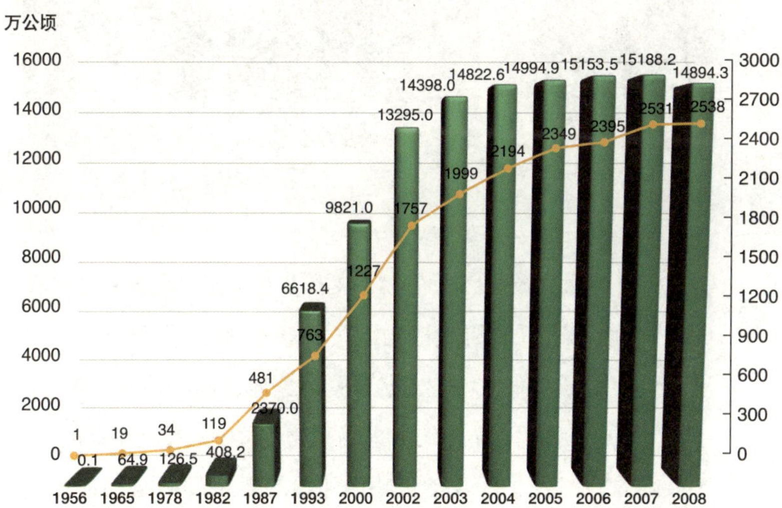

数据来源：国家环境保护部（环保总局）发布的历年《全国环境统计公报》、中国环境科学出版社出版的历年《中国环境年鉴》

中国自然保护区建设的发展：保护区数量与面积

中国青海的可可西里自然保护区和生活在这里的中国特有物种藏羚羊。

物种质资源保育或基因保存中心400多处，使200多种珍稀濒危野生动物、上千种野生植物建立了稳定的人工种群。中国还建立了大熊猫、海南坡鹿、扬子鳄、麋鹿、高鼻羚羊、野马、东北虎等珍稀动物驯养中心和珍贵动物救护中心等共14处。

随着自然保护区及动植物园建设等野生动植物物种保护工作的不断深入，濒危物种栖息地的得到保护和恢复，大部分国家重点保护野生动植物野外资源急剧下降的趋势已得到有效遏制，种群动态逐步稳定。

珍稀、濒危物种保护

中国生物多样性保护的重点是珍稀、濒危物种保护。在中国，除了举世闻名的大熊猫之外，金丝猴、朱鹮、扬子鳄、藏羚羊等动物和银杏、水杉、银杉等珍稀物种也得到重点保护。

大熊猫是仅分布于中国的珍贵孑遗物种，野生大熊猫仅分布于中国的青藏高原东线四川、甘肃和陕西省境内约40个县境内的群山叠翠的竹林中。它们既是中国的国宝，也是世界自然历史遗产的重要组成部分，有“活化石”之称。中国政府为保护大熊猫投入了巨大的人力和物力，从1963年开始，先后建立了62个保护大熊猫的自然保护区，现有野生大熊猫1590只左右。同时开展大熊猫饲养繁殖的研究，2006年，中国人工繁殖成活大熊猫30只，创历史新高。中国现有人工圈养大熊猫215只。

大熊猫在自然保护区快乐地生活。

在川西平原向青藏高原过渡的地区，有个宝兴县（属于四川省）。1869年，法国传教士、博物学家阿尔芒·戴维在宝兴县邓池沟首次发现大熊猫。宝兴可说是大熊猫之乡，当地人民也为保护大熊猫，特别是在救护病饿大熊猫、为大熊猫创造良好生活环境等方面作出了巨大贡献。

1983年，大熊猫活动地区的竹子开花枯死，直接威胁着大熊猫的生存。宝兴县农民王全安家9次接待了病饿大熊猫。大熊猫饿了下山找吃的，钻到了他家锅台上，看到半锅玉米面糊糊，立即把头伸进锅里吃了个痛快，王全安发现后并不惊动它。时间长了，每天晚上大熊猫都要来光顾，而王全安每天晚上都为大熊猫准备好玉米糊糊和骨头。

1984 年 3 月的一个早晨，年仅 12 岁的藏族学生昂卡乓在去上学的路上，碰见一只大熊猫伏在灌木丛里昏睡。昂卡乓没有惊动它，立刻转身跑回村寨向民兵排长张少华报告，张少华凭借以往经验判断出是饥饿造成的。他让昂卡乓立即给大熊猫取食物，自己则去乡政府报告。昂卡乓将家里人准备作早饭的玉米馍馍带了几个给病饿大熊猫吃，并带来了柴火给大熊猫取暖。经过他的照料，大熊猫活动起来了。昂卡乓等人伴随大熊猫度过了一个寒冷的夜晚。第二天，兽医和藏族民兵把大熊猫送往保护区。县大熊猫救灾领导小组给昂卡乓记了功。

生活在云南白马雪山的滇金丝猴，外观引人注目。

宝兴人抢救病饿、伤残大熊猫的事迹很多，抢救的成活率很高。据统计，国家从宝兴调走的 119 只大熊猫，绝大多数是从野外救回养活的病饿、受伤的大熊猫。

金丝猴为灵长目、猴科、仰鼻猴属。中国金丝猴包括川、滇、黔三种。滇金丝猴远居滇藏的雪山杉树林，数量仅千余只。黔金丝猴仅见于贵州，数量才 700 多只。人们比较熟悉的是川金丝猴，分布于四川、陕西、湖北及甘肃，深居山林，结群生活，背覆金丝“披风”，攀树跳跃、腾挪如飞。这三种金丝猴都是国家一级保护动物，滇金丝猴和黔金丝猴是国际自然保护联盟 IUCN 红皮书的“濒危”级，川金丝猴则是“易危”级。中国建有专门保护它们的自然保护区，如云南白马雪山国家级自然保护区，主要保护滇金丝猴；梵净山国家级自然

保护区，主要保护黔金丝猴；陕西周至国家级自然保护区和湖北神农架国家级自然保护区，主要保护川金丝猴。

生活在湖北神农架的川金丝猴

随着自然保护区的建设、民众保护意识的增强和人工驯养繁殖工作的开展，金丝猴的栖息地不断扩大，种群数量有所增加。

朱鹮原是东亚地区的特产鸟类，在中国、朝鲜、日本及俄罗斯有分布。但 20 世纪 60 年代后，它们似乎都失去了踪影。70 年代后期，中国鸟类学家开始寻找朱鹮，1981 年终于在陕西洋县姚家沟发现 7 只。这一发现当时轰动了世界。此后中国对朱鹮进行了保护和科学研究，并取得显著成果。特别是饲养繁殖方面，于 1989 年首次人工孵化成功。到 2006 年，中国朱鹮的数

生活在陕西宁陕朱鹮野化放飞基地的朱鹮

生活在海南热带野生动植物园里的坡鹿

量已达到1000多只，并摆脱了高度濒危甚至灭绝的厄运。这是中国拯救野生动物的一个奇迹。

扬子鳄为中国特有，是远古以来仅存的唯一分布在温带的孑遗鳄鱼种类。扬子鳄体长2米，善于游泳而栖息于水中，营巢在河湖浅滩、植被密生的草丛中。目前，中国建有安徽扬子鳄国家级自然保护区、浙江长兴扬子鳄省级自然保护区等。野生扬子鳄数量极为稀少，中国通过就地保护和人工繁殖相结合的措施，使扬子鳄的种群得到较大幅度增长，初步解除了该种灭绝的危险。

麋鹿是中国特有的湿地鹿类，曾于1900年在中国本土灭绝。幸而还有少量存于欧洲，被养在英国乌邦寺。1985年，中国从海外迎回首批39头麋鹿。种群逐渐繁衍壮大，并成功实现回归野外的“重引入”工程。到2006年6月，江苏大丰麋鹿自然保护区麋鹿种群数量达1007头，成为全球范围内首个数量超过千头的麋鹿自然保护区。保护区从1998年开始着手实施“野生放归”，目前已经形成了118头的野生麋鹿种群。

海南坡鹿是国家一级保护动物，属IUCN红皮书的“濒危级”，在中国国内只分布于海南岛。20世纪70年代，海南坡鹿的种群数量一度下降到只有26头，全部集中在海南大田国家级自然保护区。随着驯养繁殖研究取得成功，海南坡鹿的数量逐渐增加。从2003年起，海南省野生动植物自然保护中心开始把保护区内的海南坡鹿运往白沙、屯昌、儋州、文昌等地的草原山林进行野放，逐步建立真正的野生海南坡鹿种群。

2007年，海南坡鹿总数量已经达到1785只，摆脱了物种灭绝的厄运，成为中国保护濒危野生动物成效最显著的物种之一。

江苏省金湖县泗湾湖，成片的水杉林是白鹭繁衍生息的乐园。

东北虎是现存最大的猫科动物，主要分布在中国东北的小兴安岭和长白山区。它体魄雄健，行动敏捷，有“丛林之王”的称号。现在中国野生东北虎的数量仅20只左右，为国家一级保护动物，属IUCN红皮书的“濒危级”。中国早在上世纪50年代就严格禁止捕猎东北虎。1958年，中国在东北虎之乡黑龙江省建立了丰林红松原始自然保护区，2005年在吉林珲春东北虎生活区建立国家级自然保护区。东北虎人工饲养繁育基地则于1986年建立，致力于研究东北虎的饲养繁育技术，目前该基地的东北虎已发展到620余只。通过就地保护和人工繁殖相结合的措施，东北虎的种群有所增长，初步缓解了灭绝的危险。

银杏、水杉、银杉为中国特有的世界珍稀物种，被誉为植物界的“国宝”、“活化石”。它们曾广泛分布于北半球，到了新生代的第四纪冰期，在多数区域灭绝。唯有中国浙江西部山区的银杏，四川、湖北交界一带山沟里的水杉，广西和四川的大娄山东段、越城岭支脉的银杉，躲过浩劫，成为旷世奇珍。

银杏俗称白果、公孙树，野生状态的银杏分布于亚热带季风区。中国是银杏的故乡，而且也是栽培、利用和研究银杏最早、成果最丰富的国家。目前，中国在浙江天目山、湖北大别山、神农架等地建立了保护野生银杏群落的自然保护区。

20世纪40年代，中国发现幸存的水杉，这一发现曾引起世界的震动。建于1988年的湖北星斗山自然保护区主要保护对象是野生水杉群落及其生态环境。目前已有50多个国家先后从中国引种栽培水杉。

银杉是20世纪50年代在中国发现的松科单型属植物，最初仅见于广西龙胜县花坪和四川南川县金佛山。迄今，已知银杉分布在广西、湖南、四川、贵州四省（区）十县的30多个分布点上。各地发现银杉之后，地方政府和有关单位都很重视，并采取了一些保护措施。目前，已在广西花坪和四川金佛山建立了以保护银杉为主的自然保护区，并开展银杉的繁殖试验和引种工作。

并不是所有珍稀、濒危物种都如此幸运。华南虎是中国特有的虎种，也称为“中国虎”，目前仅在各地动物园、繁殖基地里人工饲养着不到100只，而在野外已绝迹很长时间。2007年，陕西省有人声称拍到了野生的华南虎照片，引发广泛关注，最后证明照片造假。人们对此事件的高度关注，表明了对华南虎命运的担忧。另一种中国的特有物种白鳍豚同样令人担忧。1986年时，白鳍豚尚存300头，到1998年，数量锐减为7头。最近几年，人们再未发现其踪迹。另外，藏羚羊等物种的命运也引起了人们的忧虑和关注。

控制外来入侵生物

某种生物从外地自然传入或人为引种后成为野生状态，并对本地生态系统造成一定危害的现象，称为生物入侵。生物入侵是威胁本地生物多样性的因素之一。目前入侵中国的外来物种有400多种，其中危害较大的有100余种。在世界自然保护联盟公布的全球100种最具威胁的外来物种中，中国就有50余种。

进入21世纪以来，中国深化了对生物入侵的认识，通过多种途径、多部门合作和参与国际合作，加强对外来入侵物种的安全管理。2003年，原国家环保总局和中国科学院联合发布第一批外来入侵物种名单，列在这份名单中的包括紫茎泽兰、豚草、互花米草、美国白蛾、福寿螺等16个物种。2005年，农业部制定并颁布了《农业重大有害生物与外来入侵生物突发事件应急预案》。2005年9月6日，中国正式成为《卡塔赫纳生物安全议定书》的缔约国。

中国积极开展全国范围的外来入侵物种调查和外来物种控制活动，建立外来物种数据库和监测系统。2005年，相关部门收集了300余种外来入侵生物的信息数据，建立"中国外来入侵物种"数据库，编辑了《中国主要农林外来入侵物种名录》。2006年，在全国26个国家级自然保护区开展了外来有害入侵物种调查，并对外来入侵生物进行集中铲除，铲除面积达1443万亩。通过多部门协力合作，中国在防治生物入侵方面取得了重大进步和重要成果，有效地保护了中国生物多样性和生态安全。2010年1月，环保部和中国科学院又

中国外来入侵物种名单

第一批入侵物种		第二批入侵物种	
植物	动物	植物	动物
紫茎泽兰、薇甘菊、空心莲子草、豚草、毒麦、互花米草、飞机草、凤眼莲、假高粱	蔗扁蛾、湿地松粉蚧、强大小蠹、美国白蛾、非洲大蜗牛、福寿螺、牛蛙	马缨丹、三裂叶豚草、大薸、加拿大一枝黄花、蒺藜草、银胶菊、黄顶菊、土荆芥、刺苋、落葵薯	桉树枝瘿姬小蜂、稻水象甲、红火蚁、克氏原螯虾、苹果蠹蛾、三叶草斑潜蝇、松材线虫、松突圆蚧、椰心叶甲

福建省福安市，大米草围困红树林。

联合发布了第二批外来入侵物种名单，包括马缨丹、三裂叶豚草等10种植物和桉树枝瘿姬小蜂、红火蚁等9种动物。

互花米草是被列入中国首批外来入侵物种“黑名单”的植物之一，俗称大米草，是多年生草本宿根植物，具有耐盐碱、耐淹、根系发达等特点。上世纪60年代至80年代，中国分别从英美等国引入该种，希望用以抵御风浪、保滩护岸。但随后大米草密集生长，导致滩涂生态失衡、航道淤塞、海洋生物窒息致死，因而被称为“害人草”。大米草在中国超过5000万亩，多年来，各地采取刀砍、挖掘、火烧、除草剂等办法，都收效甚微。

在政府支持下，中国科学家积极开展对大米草综合治理和利用的研究。福建农林大学的相关项目组研究发现，泥下割除防治大米草效果最好。而另外一些中国专家们经过实验，从大米草中提取多糖成功，经鉴定，“大米草多糖”是理想的药物和保健食品。目前，科学家们又发现，大米草有望成为提供高度清洁的生物质能源。根据实验测定，使用一亩大米草气化发电，可节省1吨—1.5吨标准煤。如果这一技术投入使用，大米草有望得到根本治理。

积极参与国际社会的生物多样性保护行动

伴随着人类社会的发展，生物多样性保护成为一项长期而艰巨的工作。拯救和保护生物的多样性，是每个国家、每个人的责任。

中国政府十分重视生物多样性保护方面的国际合作和协调。1993年，中国加入《生物多样性公约》，随即发布《中国生物多样性保护行动计划》，成立了由24个相关部门组成的中国履行《生物多样性公约》工作协调组，积极参加9次缔约方大会，在公约各谈判进程中发挥了重要作用。目前，中国履行《生物多样性公约》工作协调组有22个成员单位。

结合履约工作，2004年，中国政府还组织编制了《全国生物物种资源保护与利用规划》。2006年，中国启动“中国生物多样性伙伴关系框架项目”和“中国－欧盟生物多样性

资料链接

《生物多样性公约》

这是一项保护地球生物资源的国际性公约，1992年6月1日由联合国环境规划署发起的政府间谈判委员会第七次会议在内罗毕通过，1992年6月5日，由签约国在巴西里约热内卢举行的联合国环境与发展大会上签署。该公约于1993年12月29日正式生效，是一项有法律约束力的公约，旨在保护濒临灭绝的植物和动物，最大限度地保护地球上的多种多样的生物资源，以造福于当代和子孙后代。目前该公约有189个缔约国，是全球缔约国最多的环境公约。中国于1993年1月5日交存加入书。

2005 年 11 月 7 日，中欧生物多样性保护合作项目签字仪式在北京举行。图为出席该仪式的相关人员举杯祝贺。

项目”。在每年的 5 月 22 日纪念国际生物多样性日，中国都开展形式多样、内容丰富的宣传教育活动，形成了保护生态、保护生物多样性的良好社会氛围。通过一系列国际合作和各方面不懈努力，中国已经初步建立生物多样性保护信息网络和生物多样性监测体系，推动了相关政策和法律体系建设，促进了中国生物多样性保护工作，扩大了中国生物多样性保护的国际影响。

2010 年是联合国确定的国际生物多样性年，中国将修订发布《中国生物多样性保护战略与行动计划》，着力协调社会经济发展与生物多样性保护的关系。中国将进一步加强履约协调组各部门之间的沟通与协作，积极扩大公众参与，加强国际合作，为推动实现《生物多样性公约》提出的保护、持续利用生物多样性，以及公平公正的分享惠益等三大目标作出不懈努力。

污染控制与治理

中国对环境问题最初的认识，就是从空气污染开始的。而经过近 40 年的发展之后，中国对环境问题的认识更加深刻。节能减排已成为“十一五”规划中的重要任务，能耗降低和主要污染物排放总量减少成为主要的约束性指标。这是建设资源节约型、环境友好型社会的必然选择，也是一条人类解决环境问题的必经之路。近年来，中国政府又提出实施节能减排综合性工作方案，并颁布了应对气候变化的国家方案。在这一系列政策的推动下，中国对污染的控制与治理力度不断加大，节能减排工作成效显著。

中国的“十五”环境保护计划指标没有全部实现，到 2005 年，二氧化硫排放量比 2000 年增加了 27.8%，化学需氧量仅减少 2.1%，未完成削减 10% 的控制目标。2007 年，中国制定《国家环境保护“十一五”规划》，把污染防治作为重中之重，将减少化学需氧量（COD）和二氧化硫（SO_2）的排放量作为约束性指标（政府要通过合理配置公共资源和有效运用行政力量来确保实现的指标），确保到 2010 年这两项主要污染物排放量比 2005 年削减 10%。

为切实加强环境监督管理，实现“十一五”污染减排目标，2007 年，中国决定在全国范围内开展第一次污染源普查，以全面掌握污染排放情况。中国的环保工作进入了一个新的阶段。“十一五”规划的前 4 年，中国污染治理与减排工作取得很大进展。

大气污染控制与治理

中国的“十一五”规划指出，到 2010 年，污染减排的两项约束性指标化学需氧量（COD）和二氧化硫（SO_2）的排放

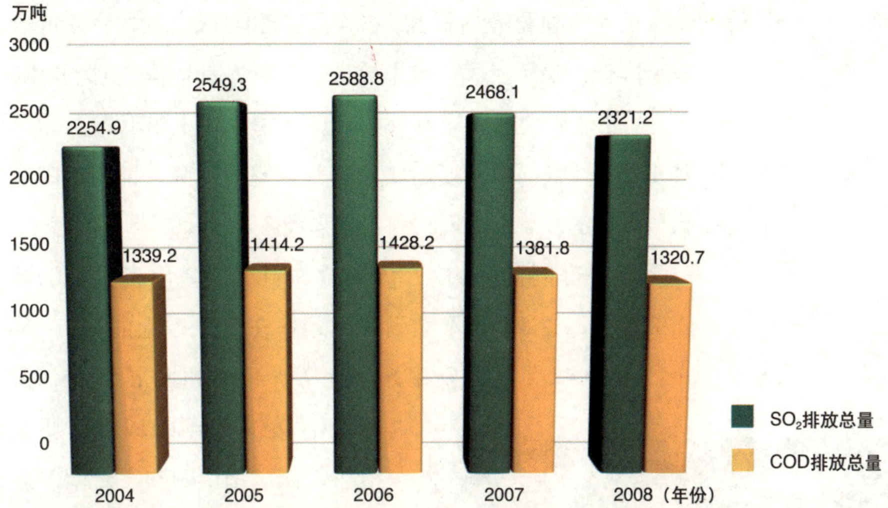

数据来源：国家环境保护部（环保总局）发布的历年《全国环境统计公报》

2004—2008年中国SO_2、COD排放总量

量分别比 2005 年下降 10%，即全国化学需氧量由 2005 年的 1414.2 万吨减少到 1272.8 万吨，二氧化硫排放量则由 2549.4 万吨减少到 2294.4 万吨。

通过实施电厂脱硫以及城市污水处理厂的建设，2007 年，中国二氧化硫和化学需氧量排放总量首次实现了“双下降”。2008 年，这两项指标继续保持了双下降的良好态势，其中二氧化硫的排放量为 2321.2 万吨，比上年下降 5.95%，与 2005 年相比，则下降了 8.95%。这也意味着，全国城市的空气质量总体良好，比上年有所提高。但不可否认，中国部分城市污染仍较重，全国的酸雨污染也比较重。

2008 年度，全国有 519 个城市报告了空气质量数据，其中达到一级标准的城市 21 个（占 4.0%），二级标准的城市 378 个（占 72.8%），三级标准的城市 113 个（占 21.8%），劣于三级标准的城市只有 7 个（占 1.4%）。113 个环境保护重点城市的空气质量有所提高，二氧化硫和可吸入颗粒物浓度均有所降低。除了二氧化硫排放量下降外，烟尘排放量为901.6万吨，工业粉尘排放量为584.9万吨，分别比上年下降了8.6%和16.3%。空气中主要污染物排放量整体下降，说明中国对大气污染的控制和治理收到了相当成效。

环保部门监测的477个城市（县）中，出现酸雨的城市252个，占52.8%；酸雨发生频率在25%以上的城市164个，占34.4%；酸雨发生频率在75%以上的城市55个，占11.5%。发生酸雨的城市主要集中在长江以南，四川、云南以东的区域，包括浙江、福建、江西、湖南、重庆的大部分地区以及长江、珠江三角洲地区。

2006年12月，中国首家节能技术及产品专业市场在杭州开业。图为参观者观看一套脱硫除尘装置模型。

研究表明，煤炭的开采、运输和利用对大气污染影响很大，煤炭燃烧已成为中国最大的空气污染源。据测算，全国烟尘排放量的70%、二氧化硫排放量的85%、氮氧化物的67%、二氧化碳的80%都来自燃煤。而二氧化硫、氮氧化物还会造成酸雨。因此，控制和治理大气污染的主要手段，就是加强对煤炭开采、燃烧的控制。中国主要采用工程减排、结构减排和监管减排三大措施，促使二氧化硫等空气污染物排放量下降。

2008年，中国新增燃煤脱硫机组容量9712万千瓦，全国脱硫机组装机容量达到3.63亿千瓦，装备脱硫设施的火电机组占全部火电机组的比例由上年的48%提高到60%。此外，还新建成一批钢铁烧结机烟气脱硫设施等。这一年，中国还淘汰和停产整顿污染严重的造纸企业 1100 多家，关闭小火电机组 1669 万千瓦，淘汰了一批钢铁、有色、水泥、焦炭、化工、印染、酒精等落后产能。通过加强减排统计监测和执法监管能力，督促企业达标排放水平稳步提升，全国燃煤脱硫机组脱硫综合效率由 2007 年的 73.2% 提高到 78.7%。

2008 年，中国发布了 2007 年各省、自治区、直辖市和五大电力集团公司主要污染物总量减排考核结果及 2008 年上半年各省、自治区、直辖市主要污染物排放量指标公报，对问题突出的部分地区和企业分别做出暂停建设项目环境影响评价、责令限期整改或经济处罚决定。而地方各级政府也进一步转变观念，变被动减排为主动减排，采取多种责任追究手段，有力地推动了污染减排工作的深入开展。比如，有的地方对未完成年度目标的市县主管领导给予撤职处理，有些地方对减排工作进展不力的县区实施区域限批。有些省市通过财政补贴支持企业淘汰落后产能，还有些地方则通过奖励机制激励企业减排。

2007 年 10 月，广东省电力企业技术人员参观湛江市发电机组脱硫装置。

为控制机动车排放污染，从 2008 年 7 月 1 日起，全国正式实施《轻型汽车污染物排放限值及测量方法（中国Ⅲ、Ⅳ阶段）》（GB18352.3-2005）第三阶段限值（简称“国三标准”）。而北京则从 2008 年 3 月 1 日起，分两个阶段实施相当于欧Ⅳ标准的国Ⅳ标准。这种做法也改善了空气质量。

2009 年上半年，中国全国的主要污染物排放量继续下降，其中二氧化硫排放总量为 1147.8 万吨，与 2008 年同期相比下

北京街头行驶的机动车，近年来，中国的汽车数量迅速增加。

降 5.40%，大气污染的控制和治理延续了良好势头。

现在，中国已成为仅次于美国的第二大温室气体排放国，因此，面临着来自国际社会的减排压力。但是中国温室气体历史排放量很低，且人均排放量一直低于世界平均水平，只相当于世界平均水平的 87%，或者经济合作组织国家的 33%。无论从人均排放、历史累计排放或者人均历史累计排放量来看，中国与发达国家仍然有很大差距，还不需要承担总量减排指标。但作为一个负责任的发展中国家，出于能源安全、应对气候变化等考虑，中国仍然从国情出发，采取了一系列政策措施，为减少温室气体排放、减缓全球气候变化作出了积极的贡献。

中国政府积极调整产业机构，降低能源消费，1991 年—2005 年，中国以年均 5.6% 的能源消费增长速度支持了国民经济年均 10.2 的增长速度。降低能源消费就意味着减排。每燃烧一吨煤会产生 40 公斤二氧化碳、9 公斤二氧化氮以及

100 公斤灰分。按环比法计算，1991 年—2005 年的 15 年间，通过经济结构调整和提高能源利用效率，中国累计节约和少用能源约 8 亿吨标准煤。如果按照中国 1994 年每吨标准煤排放二氧化碳 2.277 吨计算，相当于减少了约 18 亿吨的二氧化碳排放。

在减少二氧化碳排放的同时，中国政府大力开展植树造林，加强生态建设。2008 年，中国城市绿化覆盖率上升到 35.11%，人均公共绿地面积增加到 8.6 平方米。这些绿地对吸收大气二氧化碳起到了一定作用。据估算，1980 年—2005 年中国造林活动累计净吸收约 30.6 亿吨二氧化碳，森林管理累计净吸收 16.2 亿吨二氧化碳，减少毁林排放 4.3 亿吨二氧化碳。

水污染控制与治理

中国重视水污染的控制和治理，尤其重视饮用水安全工作。2009 年，环境保护部会同发展改革委、监察部、财政部、住房城乡建设部、水利部等有关部门，联合完成了海河、辽河、三峡库区及其上游、黄河中上游、巢湖、滇池、太湖等重点流域的 21 个省、自治区、直辖市水污染防治 2008 年度实施情况的考核工作。结果显示，2008 年度重点流域水污染防治工作取得积极进展，七成断面水质监测达标，四成规划治污项目完成，但治

2009 年 11 月，云南昆明滇池，工人打捞湖里的水草和垃圾。

位于江苏省海安县角斜镇的一家生态污水处理厂

污形势依然严峻，水质改善任务艰巨。

中国实施“十一五”规划以来，海河等重点流域有关地方政府加强对水污染防治工作的组织领导，强化主要污染物总量减排，改善水环境质量，加快了治污工程建设。截至2008年底，“十一五”规划确定的115个考核断面中，80个断面水质达标，占总数的69.6%。列入规划的1834个治污项目，已完成773个，占42.1%；在建500个，占27.3%。其中，海河流域项目进展较快，三峡库区及其上游项目进展较慢。

2008年，与水污染控制与治理关系密切的全国化学需氧量排放量为1320.7万吨，比上年下降4.42%；与2005年相比，化学需氧量则下降6.61%。2009年上半年，全国化学需氧量排放总量为657.6万吨，与2008年同期相比又下降了2.46%。尽管还存在不少问题，比如城市污水处理设施运行效率不高、氨氮（总氮）污染问题凸显等，中国水污染防治工作仍然称得上稳步发展。

2007 年，全国新增城市污水处理能力近 700 万吨 / 日，其中通过完善管网设施增加污水处理量约 400 万吨 / 日；1400 多家重点企业采取深度治理措施，减少了污染排放；淘汰造纸、酿造、皂素等落后产能取得进展。2008 年，全国又新增城市污水处理能力 1149 万吨 / 日，新建成一批废水深度治理工程，继续加大落后生产能力的淘汰力度。到 2009 年末，中国城市污水处理厂日处理能力达到 8664 万立方米，比上年末增长 6.9%；城市污水处理率达到 72.3%，提高 2.1 个百分点；集中供热面积 35.6 亿平方米，增长 2.0%。这些因素共同推动了中国化学需氧量排放量的下降。

随着全国第一次污染源普查的开展，人们意识到，农业污染源（包括化肥、农药和农膜、秸秆等）化学需氧量的排放量可能已超过工业污染，对水体造成严重污染。这引起了环保部门和有关人士的关注。

2008 年 6 月 3 日，山东无棣县环保局执法人员在建筑工地进行噪音监测。

其他污染控制与治理

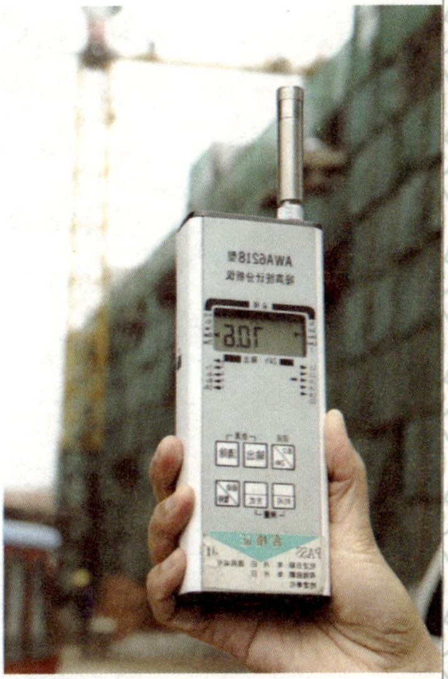

与上世纪七八十年代相比，现在的中国人对环境问题的认识更为全面和深刻，人们开始关心噪声污染、光污染、辐射污染等其他污染问题。

根据环保部发布的信息，在 2008 年，全国 71.7% 的城市区域声环境质量处于好或较好水平，环境保护重点城市区域声环境质量处于好或较好水平的占 75.2%。全国 65.3% 的城市道路交通声环境质量为好，环境保护重点城市道路交通声环境质量处于好或较好水平的占 93.8%。城市各类功能区昼间达标率为 86.4%，夜间达标率为 74.7%。

区域环境噪声监测的 392 个城市中，区域声环境质量好的城市占 7.2%，较好的占 64.5%，轻度污染的占 27.3%，中度污染的占 1.0%。与上年相比，区域声环境质量好的城市上升了 1.2 个百分点，较好的下降了 1.7 个百分点；轻度污染的上升了 0.9 个百分点，中度污染的下降了 0.4 个百分点。

道路交通噪声监测的 384 个城市中，65.3% 的城市道路交通声环境质量为好，27.1% 的城市较好，4.2% 的城市为轻度污染，2.9% 的城市为中度污染，0.5% 的城市为重度污染。与上年相比，道路交通声环境质量好的城市上升了 6.7 个百分点，较好的下降了 6.7 个百分点，轻度污染的下降了 1.5 个百分点，中度污染的上升了 1.8 个百分点，重度污染的下降了 0.3 个百分点。

这一年，中国新修订了《声环境质量标准》（GB 3096-2008）和《工业企业厂界环境噪声排放标准》（GB 12348-2008），新制定的《社会生活环境噪声排放标准》（GB 22337-2008）于 2008 年 10 月 1 日实施。根据这些新标准，中国将声环境质量标准的适用范围由城市扩大到了乡村地区，并首次对低频噪声规定了限值和监测、评价方法。

2008 年，中国辐射环境质量总体良好，环境电离辐射水平基本保持稳定状态，核设施、核设备周围环境电离辐射为正常环境水平；环境电磁辐射水平总体情况较好，但也有个别电视（调频）发射塔、中波广播发射台等大功率发射设施局部环境综合场强超过国家标准。为强化对辐射污染的监控，在国家辐射环境监测网第一批国控点的基础上，中国又增设了 11 个重点城市辐射环境自动站、10 个陆地辐射监测点、38 个水体监测点，在 4 座重要核与辐射设施周围增设了核环境安全预警监测点。中国首次设置了 43 个电磁环境质量监测点，

并在41个重点电磁辐射设施周围设置了电磁监测站点。中国还加强了核与辐射突发事件应急监测系统建设，

还应当注意的是，2008年，全国工业固体废物产生量为190127万吨，比上年增加8.3%；排放量为782万吨，比上年减少34.7%；综合利用量（含利用往年贮存量）、贮存量、处置量分别为123482万吨、21883万吨、48291万吨，分别占产生量的64.9%、11.5%、25.4%。危险废物产生量为1357万吨，综合利用量（含利用往年贮存量）、贮存量、处置量分别为819万吨、196万吨、389万吨。

节能降耗与可再生能源

近年来，中国在节能降耗方面取得进展。2006年，全国万元GDP能耗由1990年的2.68吨标准煤下降为1.26吨标准

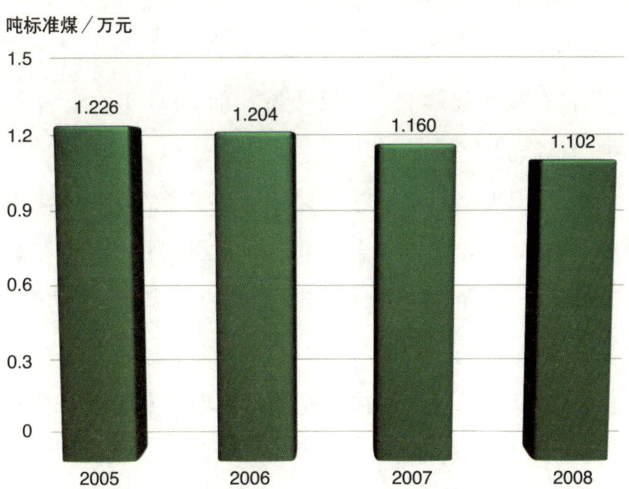

数据来源：国家统计局、国家发展和改革委员会、国家能源局联合发布的2007年、2008年《各省、自治区、直辖市单位GDP能耗等指标公报》

2005—2008年全国单位GDP能耗

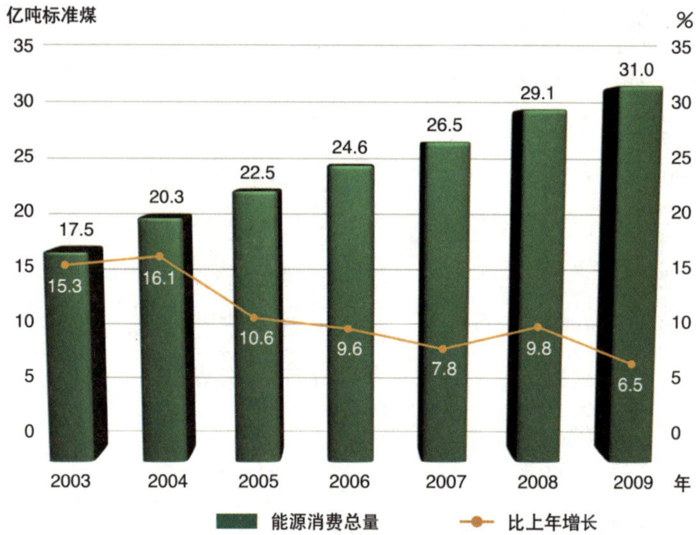

数据来源：国家统计局发布的历年《全国年度统计公报》

2003—2009 年中国能源消费总量

煤，比 2005 年下降 1.33%。这是自 2003 年以来单位 GDP 能耗首次下降。2007 年上半年，全国单位 GDP 能耗同比再下降 2.78%，实现了连续四个季度下降。而 2008 年，全国万元国内生产总值能耗又比上年下降 4.59%。

单位 GDP 能耗下降主要是由于工业能源利用效率提高。根据 2007 年上半年的一份报告，国家统计的 35 种主要产品中综合能耗下降的有 31 种，节能 2145 万吨标准煤；其中电力、钢铁、有色、石化、化工、建材和造纸等七个高耗能行业重点企业的 17 项单位产品综合能耗指标均有不同程度下降，节能约 1900 万吨标准煤。

推进节能工作，仅靠政府的积极推动和引导、广大工矿企业的落实还是不够的，还需要社会各界，特别是全体城乡居民的支持和参与。为贯彻落实《节能减排综合性工作方案》，

进一步增强全社会节能环保意识，2007 年，中国在全国范围内组织开展“节能减排全民行动”。

要进一步推动节能减排，实现环境保护与经济发展的协调，除了加大污染的控制与治理力度之外，使用新的、可再生性的绿色能源是一个好的选择。近年来，中国在利用风能、太阳能和生物质能等方面发展迅速。

中国的并网风电从 20 世纪 80 年代开始发展，尤其是在“十五”期间，风电发展非常迅速，总装机容量从 2000 年的 35 万千瓦增长到 2006 年的 260 万千瓦，年均增长率超过 30%。中国风电装机容量 2004 年时仅位居世界第 10 位，到 2006 年底就上升到第 6 位。

海南东方风电场

中国并网风电厂的发展分为三个阶段：示范阶段（1986—1992），此阶段主要是利用国外赠款及贷款，建设小型示范风场；产业化建立阶段（1994—2003），1994 年国家规定电网管理部门应允许风电场就近上网，并收购全部电量；规模化及国产化阶段（2003 迄今），国家发改委从 2003 年推行风电特许权项目，其主要目的是扩大开发规模，提高国产设备制造能力，降低电价。2007 年 11 月，中国海洋石油总公司自主设计、建造安装的第一座海上风力发电站投产，标志着中国发展海上风电获实质性突破。该电站位于离岸 70 公里、水深约 30 米的渤海绥中 36-1 油田，年发电量可达 440 万千瓦时，将减少柴油消耗量 1100 吨 / 年，同时每年将减少二氧化碳排放 3500 吨、二氧化硫排放 11 吨。

近两年中国风电发展迅猛，截至 2008 年，累计风电机组 11869 台，装机容量约 1221 万千瓦——这已经超过原来规划中 2010 年风电装机 1000 万千瓦的目标。中国 2008 年新增装机容量仅次于美国，排名世界第二。现在中国的风电分布在 24 个省（市、区），其中装机容量超过 100 万千瓦的有内蒙古、辽宁、河北和吉林等四个省区。按美国《财富》杂志最近发表的一篇文章所说，中国在绿色能源技术方面已经开始领跑，其标志就是 2009 年中国成为全球最大的风力发电机组生产国。

太阳能利用包括太阳能光伏发电、太阳能热发电，以及太阳能热水器和太阳房等方式。中国太阳能光伏发电应用始于 20 世纪 70 年代，但真正快速发展是在 80 年代。在 1983 年—1987 年短短的几年内，中国先后从美国、加拿大等国引进了七条太阳电池生产线，使中国太阳电池的生产能力从 1984 年以前的年产 200 千瓦跃升到 1988 年的 4.5 兆瓦。

目前中国太阳能产业规模已位居世界第一，中国已成为重要的太阳能光伏电池生产国。在其关键环节——太阳能电池制造上，中国已基本具备生产设备整线装备能力。据中国太阳能产业协会的最新统计，截至 2007 年底，中国太阳能热水器产量达 2300 万平方米，总保有量达 1.08 亿平方米，占世界的 76%。中国已成为全球太阳能热水器生产和使用第一大国，且拥有完全自主知识产权，技术居国际领先水平。中国太阳能光伏发电发展潜力巨大，到 2030 年，中国光伏装机容量将达 1 亿千瓦，年发电量可达 1300 亿千瓦时，相当于少建 30 多个大型煤电厂。

中国拥有丰富的生物质能资源，理论生物质能资源在 50

2010 年 1 月，湖北省武汉一座大型太阳能光伏发电场，工人在维护由晶体硅构成的屋顶。

亿吨左右。根据中国经济社会发展需要和生物质能利用技术状况，中国重点发展生物质发电、沼气、生物质固体成型燃料和生物液体燃料。

近年来，中国在生物质能利用领域取得了重大进展，特别是沼气技术，每年所生产能源已达 115 万吨油当量，占农村能源的 0.24%；节柴炕灶每年所节约的能量已达 52.5 万吨油当量。国家加大投资，提高补助标准，农村户用沼气和养殖场沼气工程建设取得重大进展。截至 2008 年底，全国农村户用沼气池总量为 3050 万户，各类养殖场沼气工程约 3.5 万处，其中大中型养殖场沼气工程 2000 多处。农村沼气年产气约 120 亿立方米，使用沼气相当于替代 1850 万吨标准煤，年可为农户直接增收节支 150 亿元。

中国企业生产的沼气池

2007年7月，香港中电集团在大陆投资建设的第一个生物质能发电项目——中电环宇山东生物质能热电落户山东滨州市博兴。这一项目属于环保型热电项目，原料主要采用当地丰富的棉花秸秆，通过应用清洁高效的秸秆燃烧技术，生产绿色电能和热力。项目装机容量为18兆瓦，年发电量1.2亿千瓦时。投产后不仅使农作物秸秆变废为宝，每年还可为农民增加收入6000多万元。

到2010年，中国生物质发电总装机容量将达到550万千瓦，生物质固体成型燃料年利用量将达到100万吨，沼气年利用量将达到190亿立方米，将增加非粮原料燃料乙醇年利用量200万吨，生物柴油年利用量将达到20万吨。到2020年，上述数据将分别达到3000万千瓦、5000万吨、440亿立方米、1000万吨和200万吨。

农村与城市环境

中国正处在快速城市化进程中，而中国同时又是一个农业大国，拥有广大的农村地域和农业人口。中国的环境保护与经济发展，都离不开农村和城市这两大人工生态系统。随着中国开始走上城乡一体化道路，这两大系统的的环境问题、发展问题也越发变得密不可分。

农田生态系统与土壤污染防治

作为重要的人工生态系统，中国农田生态系统的核心是耕地。目前中国的耕地面积为1.22亿公顷，约占全国国土面积的12.7%。中国农田分为水田和旱地两种类型，分别占全国农田总面积的26.3%和73.7%。水田以水稻为主，旱地以小麦、玉米、大豆和棉花等为主。

中国耕地人均占有量小，利用强度大，复种指数高。中国人均耕地面积不到世界人均水平的1/3。最近10年来，在工业化、城镇化加快发展的形势下，中国的耕地资源仍在不断减少。中共中央和国务院已经决定，要坚决守住全国耕地总量不少于1.2亿公顷这条红线，执行最严格的土地管理制度。

东北平原、华北平原、长江中下游平原、珠江三角洲和四川盆地是中国耕地分布最为集中的地区。东北平原面积3500多万公顷，是中国第一大平原，这片黑色沃土上盛产小麦、玉米、大豆、高粱、亚麻和甜菜。华北平原大多是褐色土壤，土层深厚，农作物有小麦、玉米、谷子、棉花等。长江中下游平原地势低平，河流和湖泊星罗棋布，是中国主要的水稻、淡水鱼产区，素称“鱼米之乡”，并且盛产茶叶和桑蚕。被誉为“天府之国”的四川盆地多为紫色土壤，气候暖湿，农作物可四季生长，盛产水稻、油菜和甘蔗。珠江三角洲盛产水稻，

云南省元阳县，哈尼族人世世代代开垦出的梯田。

每年可收获二至三次。

中国多山，又是农业大国和人口大国，生存压力使得中国成为世界上开发梯田最早的国家。中国梯田主要分布于西北黄土高原的干旱半干旱地区、东部丘陵地区和西南山丘区。中国梯田开发技术比较先进。梯田能有效地控制水土流失，提高地力，调控雨水资源的时空分布，缓解水资源匮乏的问题，从而稳定提高土地产出。

中国大规模的梯田建设不仅把跑水、跑土、跑肥的“三跑田”，变成保水、保土、保肥的“三保田”，而且为下游减少大量的洪水径流和泥沙，带来了很好的社会、经济和生态效益，

资料链接

面源污染

环境污染分为点源污染与面源污染。点源污染指有固定排放点的污染源。面源污染则没有固定污染排放点，也称非点源污染，是指污染物从非特定地点，通过降水、融雪、灌溉等途径，汇入受纳水体并引起有机污染、水体富营养化或有毒有害等其他形式的污染。根据面源污染发生区域和过程的特点，一般将其分为城市和农业面源污染两大类，其中农业面源污染是面源污染的最主要组成部分。

成为农业生产和农村社会经济可持续发展的基础平台。以梯田建设的代表甘肃省为例，截至 2005 年底，全省已经建成梯田 186.46 万公顷，累计治理水土流失面积 7.75 万平方公里。水力侵蚀区初步治理程度达到 57.35%，尤其是以梯田为重点的坡面治理工程成效显著，为区域经济的发展构筑了平台。

当前中国农村环境问题比较突出，形势十分严峻，主要表现为生活污染加剧，面源污染加重，工矿污染凸显，饮水安全存在隐患，呈现出污染从城市向农村转移的态势。

土壤是人类社会生产活动中不可缺少、难以再生的自然资源。土壤中的有毒有害化学品通过大气和水体传递，可危害人类和动物的生存繁衍与生命安全。这一过程比较隐蔽。中国高度重视土壤污染防治工作，并将其作为新农村建设的一项重要工作和环境保护的一项重要任务。

2004 年，中共中央总书记胡锦涛在中央人口资源环境工作座谈会上，明确要求“要把防治土壤污染提上重要议程”。2006 年，国务院总理温家宝在第六次全国环境保护大会上，也提出要“积极开展土壤污染防治”。全国人大环境资源委员会将制定专门的《土壤污染防治法》列入国家议事日程。原国家环保总局组织制定了《土壤环境质量标准》《土壤环境监测技术规范》等一系列控制标准和技术规范。

山东邹城的一座发电厂，由于使用了烟气脱硫装置，电厂周围农民的蔬菜种植业没有受到影响。

从2001年起，原国家环保总局、农业部、国土资源部则先后组织完成了一系列土壤调查工作。2005年8月，国家环保总局、国土资源部启动全国土壤现状调查及污染防治专项工作。2007年，全国开展第一次污染源普查，农业源是调查中重要的方面。2008年1月8日，原国家环境保护总局在北京召开第一次全国土壤污染防治工作会议；6月6日环境保护部印发《关于加强土壤污染防治工作的意见》，明确了土壤污染防治的指导思想、基本原则和主要目标。到2008年底，全国31个省（直辖市、自治区）共采集土壤和农产品等样品78940个，完成了78852个样品的分析测试，获得近300万个有效调查数据，制作图件8575件。这些工作推进了农村环境保护工作。

新型农业

20世纪90年代初，中国农业专家开始研究并推广保护性耕作模式。保护性耕作与传统的耕作方法不同之处在于，将作物的大量残茬留在土壤表层，尽量减少不必要的田间作业工序，实行少（免）耕，结合采取合理轮作、合理施肥（减少化肥用量）等综合措施，来改善土壤结构，以减少水蚀、风蚀和养分流失，保护土壤；减少水分蒸发，减少径流，增

河南省博爱县，技术人员向村民们讲解保护性耕作技术。

加土壤蓄水，保水、保土、保肥，为作物生长创造良好的生态环境。同时减少农业劳动力、机械设备和能源的投入，以提高劳动生产率，达到高产、高效、低耗、可持续发展的目的。保护性耕作实施区的农田扬尘量可减少 30% 以上，土壤含水率可提高 10%—15%，而农作物产量则可增加 10%—15%。

近年来，免耕播种机等相应农业机械不断研制出来，再加上各示范点的示范作用，保护性耕作模式渐渐为农民所接受，并形成“环京津区”和“西北风沙源”两个保护性耕作带。到 2010 年，保护性耕作示范推广面积将达到 1000 万公顷，使“三北”（东北、西北、华北）地区 1/3 的旱地实现保护性耕作。

提高水资源利用效率，建设节水型社会，已成为中国社会的共识。全国已有 17 个省、自治区、直辖市发布了用水定额，实行计划用水。中央提出，要大力发展节水农业。近年来，全国各地农田节水工作取得了明显成效。农业部编制的《旱作节水农业示范工程建设规划》《节水农业建设标准与投资估算指标》《农田节水技术模式效益观测与评价方法》等，为规范农田节水设施建设和技术推广奠定了基础。目前中国农业节水灌溉面积已达到 3.2 亿亩。2000 年—2004 年，全国农田用水量亩均减少 29 立方米，降低 6.1%；万元 GDP 用水量减少 211 立方米，降低 34.6%。

近年来，许多农民发现，他们的蔬菜获得绿色品牌认证之后，销路就更好。内蒙古乌兰察布市每年有近 100 万吨的各类绿色、无公害蔬菜销往北京、上海等 20 多个大中城市，还出口到韩国、日本等国家和地区。现在，绿色食品已成为许多中国人的优先选择。

中国政府高度重视农产品质量安全工作，支持开发无污染的安全、优质、营养的“绿色食品”。中国的绿色食品遵循可持续发展原则，按照特定生产方式生产，经专门机构认定、许可使用绿色食品商标标志。自 1990 年实施绿色食品工程以来，中国绿色食品事业发展迅速，形成了绿色食品管理和技术监督网络。1992 年，中国绿色食品发展中心正式成立，标志着中国绿色食品事业的发展进入了系统化的有序发展时期。

中国绿色食品、有机食品标志

中国制定并颁布推行了一整套“从土地到餐桌”的绿色食品全程质量控制措施，并按照绿色食品的标准，对数千个申报绿色食品的产品进行了严格的审查认证。

中国的有机食品发展总体上还处在起步阶段，但发展潜力巨大。截至2005年底，中国先后批准两批、43个有机食品生产基地，主要分布在辽宁、山东和江苏等11个省。

中国的生态农业是一种人与自然协调发展的新型农业模式，强调合理利用和保护自然资源，使生态系统保持高产出、高效益、少污染。它强调经济效益、生态效益、社会效益的综合协同提高，使农业生产与资源的永续利用和环境的有效保护紧密结合起来，从而使中国的农业、农村纳入持续、稳定、协调发展的轨道。1994年，国家七部委（局）联合启动全国51个生态农业试点县建设顺利实施，取得很大成效。此后各地相继开展生态农业建设。截至目前，中国已有不同类型、不同规模的生态农业试点2000多个，其中有160多个县级规

江苏连云港市，农民采用墙体栽培技术种植无公害绿色蔬菜。

模、10 多个地(市)级规模。

中国生态农业建设取得的巨大成效引起社会各界的关注和支持，国际组织也给予高度评价，认为中国已走在世界可持续农业发展的前列。北京市大兴县留民营村、浙江省萧山市山一村、江苏省泰县沈高乡河横村等七个单位先后被联合国环境规划署授予“全球 500 佳”称号。

新农村建设

为促进农村经济发展、改善农村环境面貌、提高农村生态文化水平，从 2002 年开始，中国开展了环境优美乡镇创建活动。截至目前，全国已有七批共 629 个镇（乡）获得了全国环境优美乡镇的荣誉称号。

全国环境优美乡镇必须满足 6 个基本条件和 26 项具体指标。这 6 个基本条件是：配置专门的环境保护机构或专职环境保护工作人员；对小城镇环境进行规划并认真实施；认真贯彻执行环境保护政策和法律法规，近三年内未发生重大污染事故或重大生态破坏事件；城镇布局合理，管理有序，街道整洁，环境优美，城镇建设与周围环境协调；镇郊及村庄环境整洁，无脏乱差现象，“白色污染”基本得到控制；乡镇环境保护社会氛围浓厚，群众对环境状况满意。26 项指标则分别涵盖了农村经济发展、社会发展和环境保护三个方面。

2007 年荣获全国环境优美乡镇的山东省滨州市博兴镇，2006 年全镇实现财政总收入 2.25 亿元，农民人均纯收入达到 5000 元以上。在经济发展的同时，设立明确的企业入驻条件，完善城乡环保设施的配套建设，严格落实农村环境卫生管理机制，使全镇环境卫生水平有了明显提升，城乡面貌焕然一新。

浙江省青田县龙现村是世界农业遗产保护区。图为村中保存完整的300多年的古屋与优美的田园风光。

近几年，该镇投入7800余万元，先后完成了全镇道路框架工程和106.2公里的农村公路改造工程，建成自来水厂1处，居民小区4处，各类学校12所；吸引外资5200余万元引进了金捷天然气项目，使全镇城镇居民天然气利用率达到97%以上，农村清洁能源普及率达到70%。这极大地改善了群众的生产、生活条件。全镇设施完善，环境整洁；农村规划有致，庭院洁净，三季有花，四季常绿，一派生机盎然。

2005年，中共十六届五中全会提出建设“生产发展、生活宽裕、乡风文明、村容整洁、管理民主”的社会主义新农村。各地都出台了相应的具体实施方案，把加强生态建设、改善农村生态环境作为新农村建设的一项重要内容。新农村建设促进农村环境质量的改善。

文明生态村建设是新农村建设的基础工程。建设新农村的“新”，不仅体现在农村的经济发展上，体现在农村管理制度的建设上，更应体现在保持农村山川秀美的生态特色上。2000年以来，海南省在推进生态省建设过程中，开展了以“优化生态环境、发展生态经济、培育生态文化”为主题的文明生态村创建活动，先后建成文明生态村5300个。

海南省海口市海口琼山区的龙连村是一个文明生态村。

现年52岁的钟荣秀，是江西省兴国县文院村村民。1997年，她在文院村带头兴建一个8立方米的沼气池，投资20万元发展花卉产业，创建“文苑花卉场”。同时扩建猪栏、改造厕所，实现生态、环保、节能、高效。她虚心向技术人员求教，还订阅了各种技术书籍，学习先进技术，以猪粪制沼气，用沼气做饭，沼液喂猪、浇花，形成了良性循环，达到综合利用。当年她家节能增收4000多元。

钟荣秀认为“一花独放不是香”，她带领其他村民一起实施生态节能农业模式。她算了一笔账，建一个沼气池，一年不仅能收回成本，节省劳力，还节约了能源。村民纷纷行动起来，家家户户建起沼气池，把老果园改造成桂花园。通过几年的努力，文院村建沼气池达200个，70%的农户实施“猪—沼—果”生态节能农业模式；仅沼气综合利用一项，户均增收节支达1200元以上。文院村因此成为全县生态农业模式示范村。

城市生态建设

中国共有设市城市661个，城市人口35894万，并已形成3个城市群和11个区域城市中心。

中国提倡在城市中建生态社区。所谓生态社区，是这样一种生活空间：通过维持原有的社区生态系统平衡，实现资源和能源的高效循环利用，减少废物排放，实现社区和谐、经济高效、生态良性循环。生态社区的建设在能源、资源、环境和人文方面都有严格的要求。能源方面要求以节能当先，依靠新设计、新技术，利用清洁能源，如太阳能、风能、沼气、地热等；资源方面强调资源的回收利用，如雨水收集处理、污水资源化、固废物资源化、生活垃圾分类等；环境方面分别对室内和室外环境做出了具体要求，室内环境要求防止化学物质污染，室外要求绿化环境、净化环境和美化环境；人文方面要求社区居民树立生态观、资源观和生态价值观。

南京市雨花区铁心桥高家库社区就是这样一个生态社区。该社区通过完善社区旅游及生态环境、完善基础设施建设，推进生态社区建设。全社区的道路两侧进行了绿化和路灯亮化工程；建造了两个垃圾中转站、三座垃圾站，建成日处理能力在400立方米的污水处理池；建成市民休闲广场、生态停车场、健身广场等休闲场所；投资建设南京市首家村级污水净化站和高标准公厕，新建改建无害化户厕217座；每个社区小组聘用一到二名专职保洁员。

近年来，中国大力开展城市园林绿化工作，建设国家园林城市，改善人居环境。到2008年底，全国城市绿化覆盖率为35.11%，人均公共绿地面积增加到8.6平方米——这比2000年增加了一倍还多。从1992年开始，中国不定期评选国

国家园林城市福建厦门，城市环境优美。

家园林城市，截至 2008 年，全国共命名国家园林城市 125 个。中国对已命名的国家园林城市实行复查制度，每三年复查一次。另外，从 2001 年开始，截至 2008 年，全国共有 252 个项目获得“中国人居环境范例奖”。

为了加强城市绿地的管理与养护，引导公众参与环境建设，近几年来，很多城市开展了城市绿地认养活动。北京自 1998 年开展绿地认养，截至 2007 年 3 月，已经有 440 万平方米的绿地被个人、单位、企业认建认养，社会各界累计投入绿化养护资金近亿元，城市绿化覆盖率达到 42.5%。城市绿地认养活动也提高了市民的公德意识和公益精神。

郊野公园建设作为城市绿化系统建设的重要组成部分，

国家森林城市贵州省贵阳市的一个居民小区

对改善城市气候、保持水土、净化空气、防风、防沙、调节城市物质循环，制造氧气等起着不可取代的重要作用。中国城市的郊野（森林）公园建设以保护生态为主、提供休闲康乐活动设施为辅。严格保护生物多样性、生态资源以及郊野地区观赏价值，是开发和建设的前提。郊野（森林）公园的建设分为核心区、缓冲区和康乐游憩区。其中，核心区以保持原始自然生态环境为主，不得从事城市建设活动，严禁砍伐捕猎和毁林开荒，禁止开山采石、毁林种果；其中珍贵动物和植物生长繁殖和具有特殊生态价值的地区，在条件成熟时，划定为自然保护区，加强保护管理。缓冲区不得从事城市建设活动，严禁砍伐捕猎和毁林开荒，禁止开山采石、毁林种果；在科学论证的前提下，经有关部门批准后可适当改造林分和林相结构，进行科学实验、参观考察、教学实习、引种、驯化和培育珍稀动植物等活动。康乐游憩地区可通过建设有限的康乐游憩设施，如为市民提供远足、郊游、登山、青少年科普教育等活动场所。

工程建设与生态修复

环境与发展的关系问题，是当今国际与国内社会普遍关注的重要问题。近30年来，随着国家环境保护法律法规体系的不断完善，尤其是2003年《环境影响评价法》颁布和实施后，中国确立了工程建设项目环境影响评价的法律地位和政策保障，这对中国的环境保护具有重大意义。

以水利工程为例，由《水法》《环境保护法》《水土保持法》《野生动物保护法》《渔业法》等相关法律构成了水利水电工程建设生态与环境保护的法律基础，同时也明确了流域开发与管理的责任和义务。2006年水利部门编制了《江河流域规划环境影响评价规范》，为流域规划环评确立了技术方法体系与保护重点。此外，水利部门制定的《水利水电工程环境保护设计概（估）算编制规定》规范了环境保护费用的组成内容。目前对环境监理、建设项目竣工的环境保护调查也有了一些相应的制度规定。

从中国实施环境影响评价制度以来，水利水电生态与环境保护在法律、技术规范、资金保障规范等制度建设方面取得了重大进展。2005年，山东新立河的水利治理工程开工。新立河自滨州经济开发区南部向北穿过滨州市新区、经滨城区东北入潮河，河道全长31.2公里。这项工程由山东省滨州市政府出资建设。经验收，全部工程为优良等级。新立河城区衬砌段工程设计先进，施工优良，外观优美，水面宽广，水体清澈，亲水性佳，两岸绿化面积大，成为生态水利工程的典范，是市民休闲娱乐和垂钓观光的好去处。

经济与社会发展离不开对矿产资源的开发利用和对生态环境的依赖。但矿产资源开发给社会带来财富的同时，又在很大程度上损害了人类的生存环境。土地破坏、生态平衡失调问题日益突出，崩塌、滑坡、泥石流、地面塌陷等地质灾害加剧。有效遏制矿山环境恶化，保护经济社会发展和人民的生产生活环境，已成为中国各级政府和有关部门正在着手认真研究解决的重要课题。

为改善矿山附近的生态环境，促进固体矿产资源在开发利用过程中造成的植被破坏、土地退化、水土流失、地质灾害等问题的修复，中国出台了许多相关规定。2003 年 12 月，国务院发布《中国矿产资源政策》白皮书，提出“实现矿产资源开发与环境保护的协调发展”的要求。2004 年，原国家环保总局、国土资源部、国家安全生产监督管理局联合开展了全国矿山生态环境保护专项执法检查；检查矿山企业 52414 家，关停、取缔 16413 家。

2004 年，国家投入资金 4.06 亿元开展矿山环境治理，恢复治理面积 27435 公顷。2005 年，中央财政安排矿山治理项

市民们在山东滨州人工湖前游玩。

安徽淮北，昔日的煤矿沉陷区，如今变成了风景迷人的国家矿山湿地公园。

目资金7.53亿元，并进一步开展矿山公园的建设和省级矿山环境保护与治理规划编制工作。目前中国已批准建设国家矿山公园28个，为矿区走可持续发展道路起到了示范作用。

“天上黄云飘，地上黑流跑”，曾经是广西柳州百姓对居住环境的形象描述。住在柳州工业废水排放第一大户柳钢（集团）隔壁小区的居民尤大妈感受尤其深刻，“总是闻到一股刺鼻的味。灰尘也多，还有酸雨，种的花草也是不爱长的。”从2007年开始，柳钢以发展循环经济为突破口，对废气、废水、废渣进行治理和利用。柳钢采用新技术，每年可将7800余吨二氧化硫废气转变为1.4万吨硫酸铵化肥。废水处理设施则使工业水循环利用率达到96%以上。厂内数百万吨的废渣也逐渐被转化为水泥。尤大妈赞许这种改变：“空气新鲜了，我们种的花开得也茂盛了。”柳州逐渐恢复“山水最美”的原貌。

发展生态旅游

中国的生态旅游主要是依托自然保护区、森林公园、风景名胜区等发展起来的。1982 年，中国第一个国家级森林公园——张家界国家森林公园建立。从那时开始，中国先后建起大量不同类型、不同层次的森林公园，截至目前，中国共设立国家级森林公园 660 处，总面积达 1124 万多公顷。中国的 2500 多处自然保护区、200 多处国家风景名胜区、约 700 处省级风景名胜区，也都成为重要的生态旅游资源。

1999 昆明世界园艺博览会和 1999 年国家旅游局举办的“99 生态环境旅游”主题活动，大大推动了中国的生态旅游实践。2007 中国国际生态旅游博览会则进一步展示了中国国内丰富的生态旅游资源。

2001 年，国务院发布了《关于进一步加快旅游业发展的通知》，把加强旅游资源开发的生态保护作为促进旅游产业实

内蒙古阿拉善沙漠国家地质公园

位于四川、云南两省交界处的泸沽湖，呈现出典型的高原湖泊自然风光。

现可持续发展的重要指导思想。有关部门和各级地方政府加强了对旅游资源开发的生态环境保护工作。2005年，国家旅游局、原国家环保总局联合印发了《关于进一步加强旅游生态环境保护工作的通知》。结合重点流域、区域环境综合整治，强化了旅游区的环境管理，对一些旅游区的规划与开发建设项目开展了环境影响评价，加大了污染防治力度，关停、搬迁、限期治理了一批风景旅游区的污染企业。

如今，中国的生态旅游已自觉地遵循旅游经济与环境保护结合起来的可持续发展模式。比如上海的崇明岛，地处长江入海口，是全世界最大的河口冲积岛，也是中国的第三大岛屿，素有“长江门户、东海瀛洲”之称。全岛三面环江，一面临海，面积1267平方公里。岛上地势平坦，土地肥沃，林木茂盛，物产富饶，被称为“上海最后一块真正的生态净土”。

上海崇明岛东滩湿地

目前崇明岛被总体定位为“生态岛”，形成以河口滩涂湿地、候鸟迁徙驿站、中华鲟保护区、平原城市森林、冲积岛河湖水系等为主体的五大生态景观。该岛遵循生态学原理，建立起社会经济和自然协调发展、物质能量信息高效利用、资源环境生态循环持续的具有岛屿自然环境的人类栖息地。“长江口绿色之岛，人与自然和谐共存”，是崇明生态岛的发展模式。

迈向绿色经济

作为一个发展中大国，中国正在努力寻求一条使人口、经济、社会、环境和资源相互协调的可持续发展道路。环境保护和发展经济经常被视为矛盾和对立的事物。那么，通过什么样的机制，能够让两者携手发展呢？目前，已经有人提出绿色经济的概念，即适应人类环保与健康需要、以经济与环境的和谐为目的、合理保护资源与能源的平衡式经济。中国在实践中，也在探索绿色经济的道路。建立生态补偿机制、建立健全环境经济政策、发展低碳经济，就是这种探索和实践的几个重要方面。

生态补偿机制

生态补偿机制是一种公共制度，它以保护生态环境、促进人与自然和谐发展为目的，运用行政和市场手段调节生态保护利益相关者之间的利益关系。简单说，就是让受益者付费，让保护者得利。2008 年，中国立法机关修订《水污染防治法》，该法第 7 条首次以法律的形式将“生态补偿”法制化，这就将环境保护措施与利益保障机制紧密结合起来。这一立法方向使中国的生态补偿机制有了更大的发展空间。

其实早在这条法律条文推出之前，中国早已开始关于生

资料链接

绿色经济

这一概念来自英国经济学家皮尔斯在 1989 年出版的《绿色经济蓝皮书》，指以市场为导向、以传统产业经济为基础、以经济与环境的和谐为目的而发展起来的一种新的经济形式，是产业经济为适应人类环保与健康需要而产生并表现出来的一种发展状态。

态补偿的研究和实践，比如森林与自然保护区的生态补偿工作，取得了明显的成效。除了森林生态效益补偿基金制度之外，天然林保护、退耕还林等生态工程也可以看作是对长期破坏造成生态系统退化的补偿。这些生态补偿实践有些是相当成功的。

退耕还林（草）工程可说是中国迄今为止规模最大的生态补偿实践，国家投资最大、涉及面最广，同时群众参与程度也最高。这是中国首次对大规模的生态建设工程采取补偿措施。这一措施对遏制众多生态环境脆弱区的生态破坏、保护和恢复林草资源起到了显著作用。退耕还林（草）工程 1999 年开始试点，2002 年全面启动，实施范围覆盖了 25 个省（区、市）和新疆建设兵团的 2279 个县的 3200 多万农户，涉及 1.24 亿农民，中央的投资已达到 1300 多亿元。在取得巨大生态效益的同时，也解决了工程区内农民的贫困问题，因此获得群众的广泛欢迎，取得了生态效益与经济效益的“双赢”。

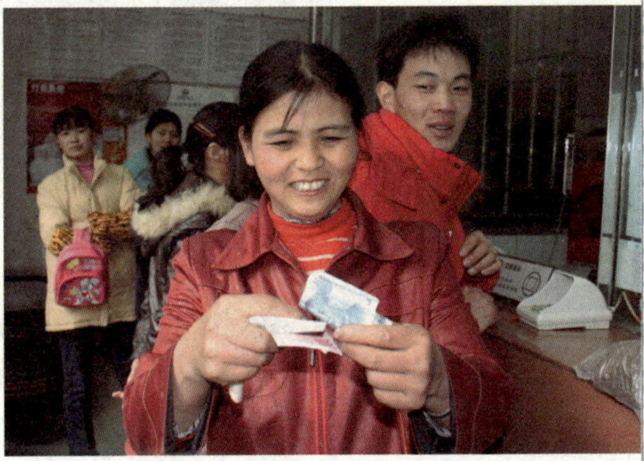

2007 年 3 月，重庆市荣昌县的农民领取退耕还林补偿款。

眼下当地农民正积极准备春耕，荣昌全县涉及退耕还林直补款，也正按国家制定的直补标准足额向农民及时兑付。在清升镇，总面积 3500 多亩的退耕还林直补款，已按每亩 210 多元标准，全部到达农民帐户存折，在春耕生产到来前保证农民能领取到手，直接支持春耕生产。）

中国从 20 世纪 80 年代开始实施的其他大规模的生态建设工程，包括防护林体系建设、水土流失治理、荒漠化防治、天然林保护、“三江源”生态保护等，也都具有明显的生态补偿意义，是对长期破坏造成生态系统退化的补偿。国家在这些重大工程上投入资金达数千亿元。这些都属于生态补偿的成功实践。另外，在中国实施多年的耕地占用补偿制度、天然林保护等重大生态建设工程、自然保护区建设的财政补贴等，也具有同样的补偿性质。

2005年1月6日，浙江义乌，全国首例“跨城市水权交易工程”成功通水，来自东阳横锦水库的水流入义乌蓄水调节池，义乌市民告别了缺水的日子。

2007年8月，原国家环保总局颁布《关于开展生态补偿试点工作的指导意见》，这是中国首份有关生态补偿的政府指导性文件。《意见》首先明确了生态补偿机制是以保护生态环境、促进人与自然和谐为目的，根据生态系统服务价值、生态保护成本、发展机会成本，综合运用行政和市场手段，调整生态环境保护和建设相关各方之间利益关系的环境经济政策。这份《意见》确定了五条生态补偿基本原则：谁开发、谁保护，谁破坏、谁恢复，谁受益、谁补偿，谁污染、谁付费；责、权、利相统一；共建共享，双赢发展；政府引导与市场调控相结合；因地制宜，积极创新。同年9月，原环保总局宣布，在自然保护区、重要生态功能区、矿产资源开发和流域水环境保护四个领域开展生态补偿试点。通过试点工作，中国开始建立重点领域生态补偿标准体系，探索多样化的生态补偿方法模式，为全面建立生态补偿机制奠定基础。

在流域的生态补偿方面，地方的实践主要集中在城市饮用水源地保护和行政辖区内中小流域上下游间的生态补偿问题，如北京市与河北省境内水源地之间的水资源保护协作、广东省对境内东江等流域上游的生态补偿、浙江省对境内新安江流域的生态补偿等。有的地方也探索了水资源交易之类的模式，例如浙江省东阳市与义乌市成功地完成一项水资源使用权交易，东阳市将横锦水库5000万立方米水资源的永久使用权转让给了义乌市。

中国通过这些生态补偿实践，逐渐丰富了生态补偿机制。但这些实践活动也有不足，主要是它们大都依托"项目工程"而进行，一旦工程项目结束，可能就会带来变数，造成生态保护缺乏可持续性。另外，在实际操作中补偿责任难以明确。如何将这种政府干预为主的机制逐渐调整到引入市场手段、建立市场运作机制，尚需相关部门和人士努力探索。

建立健全环境经济政策

相对于地方政府和经济部门而言，现在中国的环保部门还缺乏相应的制约手段。近年来，中国环保部门与多个经济主管部门合作，联手设计制定并推出多项环境经济政策，将对环境保护的要求渗透到经济政策的各个方面，从生产领域延伸到流通、分配、消费领域，并拓展到对外贸易。建立健全一套有效的环境经济政策体系，是使环境与经济、社会协调发展的有力保障。

从2007年下半年开始，中国相继推出了绿色信贷、环境污染责任保险、绿色贸易、绿色证券等政策手段，环境经济政策实践开始进入一个新阶段。

2008 年 8 月，兴行银行工作人员向顾客提供信贷服务咨询。该银行打出“节能减排，绿色信贷”的口号。

绿色信贷是遏制污染产业、引导绿色经济的有效手段，其目的是切断环境违法企业的信贷资金来源，引导银行业履行环境保护责任。这是中国实施的第一项环境经济政策。2007 年 7 月，原国家环保总局与中国人民银行、中国银监会合作，将 1.8 家企业环境违法信息纳入银行征信系统。中国银监会发文，要求银行业机构对污染严重的违法企业停止贷款。据不完全统计，这项政策实施后，中国 5 家大型银行共收回不符合国家节能减排政策的企业贷款 39.34 亿元。

2008 年，环境保护部向人民银行征信系统提供了数万条企业环境违法信息，并向商业银行等金融机构提供查询服务。各商业银行采用其中部分信息，对违法企业采取停贷或限贷措施，为了获得贷款，这些企业不得不积极治理污染。据悉，环境保护部将进一步加强与金融部门信息沟通机制，共同制定“绿色信贷信息报送和交换管理办法”，使信息报送和交换更加规范化。

环境污染责任保险是预防、控制环境风险的有效手段。2008 年初，环保部、保监会联合发布了《关于开展环境污染责任保险工作的指导意见》，选择高危行业开发环境污染责任保险产品。环境保护部联合保监会组织江苏、湖北、湖南、上海等地环保部门和保险公司开展试点。这一政策推行不久，即发生中国首例环境污染责任险获赔案例。一家农药生产企业购买了平安保险公司“污染事故”赔偿险之后，于 9 月 28 日发生氯化氢气体泄漏事件，污染了附近村民的菜田。事后，平安保险公司经过必要查证，将赔款支付到位。

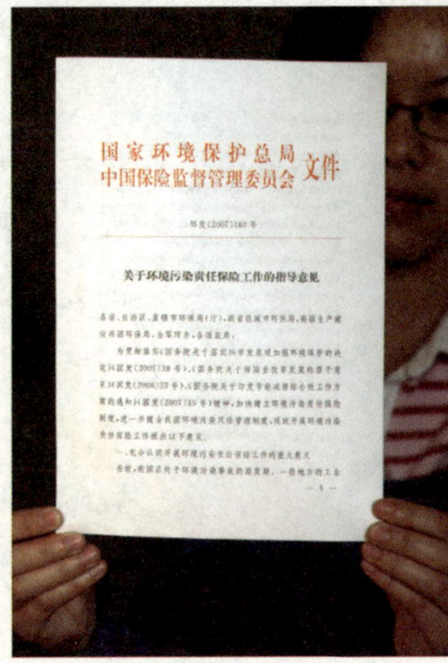

2008年2月18日，原国家环保总局与中国保监会联合发布文件，正式确立建立环境污染责任保险制度的路线图。

在各综合经济部门支持下，环境保护部组织制定了新的“双高”名录（即“高污染、高环境风险产品”名录），建议取消其出口退税并禁止加工贸易，对这些产品采取了限制措施。2007 年 6 月，原国家环保总局提出 50 多种“双高产品”并建议取消其出口退税，这一建议被财政部、税务总局采纳，致使那些产品出口量下降了 40%。

2008年初，环境保护部再次发布农药、无机盐、电池、涂料、染料等 6 个行业 140 多种“双高产品”目录，涉及出口金额 20 多亿美元，得到了各经济综合部门的重视和采纳。商务部在 2008 年 4 月发布的禁止加工贸易名录中，采纳了环境保护部提交的全部产品名录，明确将“双高”产品作为控制商品出口的依据。财政部、税务总局在 2008 年 7 月底发布取消出口退税的商品清单，其中有 26 个是“双高产品”。

2007 年，环保部门曾阻止 10 家存在环境问题的公司上市融资。2008 年 6 月，环境保护部发布《上市公司环保核查行业分类管理名录》，列举了必须通过环保核查的火电、钢铁、水泥、电解铝、煤炭、冶金、建材、采矿、化工、石化、制药、造纸、纺织、制革等14大重污染行业，涵盖上百个企业类型。这一举措对于遏制污染行业上市融资，推动企业履行社会责任，具有积极的效果。上市公司环境披露制度得到了证监会的大力支持，上海证交所于2008年5月专门发布了《上市公司环境信息披露指引》。

中国环保部门还会同财政部等出台一系列文件，对燃煤脱硫机组实施发电加价，以促进节能环保电力的科学调度和城镇污水收集管网建设。另外，环境保护部等几个部门已经成立了环境税联合工作组，将继续配合有关部门制定环境税实施方案，实施开征环境税的工作。

中国的环境经济政策还处于初生阶段，还没有完全发挥其作用，已有的环境经济政策仍须完善。这些政策推进过程中还会遇到许多技术难题，比如信息共享机制没有建立，缺少可供政策实施的配套名录以及相关标准等。这些都有待中国相关部门在实践中不断加以发展、完善。

发展低碳经济

早在1999年，低碳经济这个概念就进入了中国，但它真正成为大众所熟知和关心的事物，还是最近几年的事。眼下，随着气候变化成为全球瞩目的重大议题，低碳经济也变得更加“抢手”。中国和世界其他国家和地区一样，开始意识到这是未来经济发展的新方向。

2003年2月，英国首相布莱尔发表题为《我们未来的能源——创建低碳经济》的英国能源白皮书，认为低碳发展道路不仅在技术上是可行的，在经济上也是合理的，并且最终还将使经济发展更加安全、稳定和繁荣。联合国环境规划署把 2008 年世界环境日的主题定为“戒除嗜好,面向低碳经济”,使这一理念更加深入人心。除了英国之外，日本、美国等发达国家也先后提出了打造低碳经济和低碳社会的设想。

低碳经济以低耗能、低排放、低污染为基础，其目标是低碳高增长，其发展将通过技术跨越式发展和制度约束得以实现，表现为能源效率的提高、能源结构的优化以及消费行为的理性。这一模式无疑为包括中国在内的诸多国家的可持续发展提供了一种新的发展思路。

2006 年 12 月，中国政府发布《气候变化国家评估报告》，首次提出走低碳经济发展道路。2007 年 6 月,科技部发布的《中国应对气候变化科技专项行动》，再次提出走低碳经济发展之路。中国科技部、环保部的部长们纷纷建议，中国应加快研

2009 年 7 月,“气候变化与低碳经济发展媒体高层论坛”在北京举办。

究制定国家低碳经济发展战略。

2007 年 9 月，中国国家主席胡锦涛在 APEC 第十五次领导人非正式会议上讲话指出，“气候变化从根本上说是发展问题，只有在可持续发展的前提下才能妥善解决。应该建立适应可持续发展要求的生产方式和消费方式，优化能源结构，推进产业升级，发展低碳经济，努力建设资源节约型、环境友好型社会，从根本上应对气候变化的挑战”。

2008 年爆发了席卷全球的金融危机，在一定程度上影响了人们低碳经济之路的探索。有人对发展低碳经济产生了担心和忧虑，但也有人认为，金融危机反而会催生低碳经济。中国并没有因金融危机而转变方向。中国的一系列举措表明，中国仍然走在发展低碳经济的路上。为应对金融危机带来的冲击，中国政府出台了四万亿元的救市政策，其中相当部分用于加强生态环境建设，推进绿色经济。

2008 年 6 月份，中国环境与发展国际合作委员会和世界自然基金会（WWF）共同发布了《中国生态足迹报告》。这份报告指出，中国消耗了全球生物承载力的 15%，中国消耗的资源已超过其自身生态系统所能提供资源的两倍以上。这就是说，中国应该尽快推进低碳经济。3 个月后，清华大学低碳经济研究院正式成立。这个研究院将重点围绕低碳经济、政策及战略开展系统和深入的研究，为中国及全球经济和社会可持续发展提出建议。

排放贸易，即污染物排放许可额度的市场有偿交易，是实现污染物总量控制的一种有效方法。目前，一些发达国家和国际组织都对以市场的方法推动发展中国家发展低碳经济寄予厚望。中国一些地方政府对此热情也很高，北京、上海和天津已建立了三家环境与气候交易所，开展环境权益公开

2008 年 1 月，中国低碳城市发展项目在北京启动。上海、保定成为试点城市。

交易。在 2008 年 11 月由环保部环境规划院主办的排污权交易国际研讨会上，有人提议，中国应率先开展电力行业二氧化硫排污权交易并将其纳入“十二五”（2011—2015）规划。

2008 年初，世界自然基金会（WWF）选择中国的上海和保定两市为试点，推出低碳城市发展示范项目。上海在打造“低碳城市”的过程中，着重对建筑的能源消耗情况进行调查、统计，公开能源消耗情况，进行能源审计，提高大型建筑能效。而保定则提出了建设“中国电谷”的概念，建设“绿色保定，低碳城市”，依托保定国家高新区新能源和能源设备产业基础，打造光伏、风电、输变电设备、新型储能、高效节能、电力电子器件、电力自动化及电力软件七大产业园区。

这两个试点城市开展的低碳城市项目产生了非常好的社会影响。现在，除了已经采取行动的北京、上海、保定之外，珠海、杭州、唐山和吉林等众多中国城市也都对建立低碳经

2009年8月，中国首个低碳生态乡村在四川地震重灾区彭州大坪村初建。图为民间环保组织“地球村”在大坪村建起的办公场所。

济区表示出浓厚的兴趣。向低碳经济转型是从产业结构到能源结构的全面优化，从生产方式到生活方式的全面变革。中国对低碳经济发展模式的探索和尝试，将成为人类社会的共同财富。